AF373169

*Los temas más controvertidos de la
investigación científica contemporánea para
quienes deseen emprender un fascinante
Viaje al Centro de la Ciencia.*

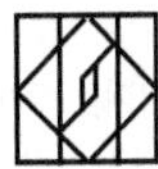

c o l e c c i ó n
VIAJE AL CENTRO DE LA CIENCIA

ADN
Editores, S.A. de C.V.

Colección dirigida por
Juan Tonda

Diseño: Arroyo + Cerda
Ilustracións de portada y portadilla: Juan Tonda
Ilustración de interiores: J. Antonio Tonda Magallón y Benjamín Anaya

Primera reimpresión, 1997
Octava reimpresión, 2005
Novena reimpresión, 2021

© ADN Editores, S.A. de C.V.
Estrella del Sur 150, Col. Rancho Tetela,
62160 Cuernavaca, Morelos, MÉXICO
juantonda54@gmail.com
Tel. (52) 5554006326

La primera edición se coeditó con la
Dirección General de Publicaciones del
Consejo Nacional para la Cultura y las Artes

ISBN 978-968-6849-17-2

Horacio García Fernández

Epílogo de Lena García Feijoo

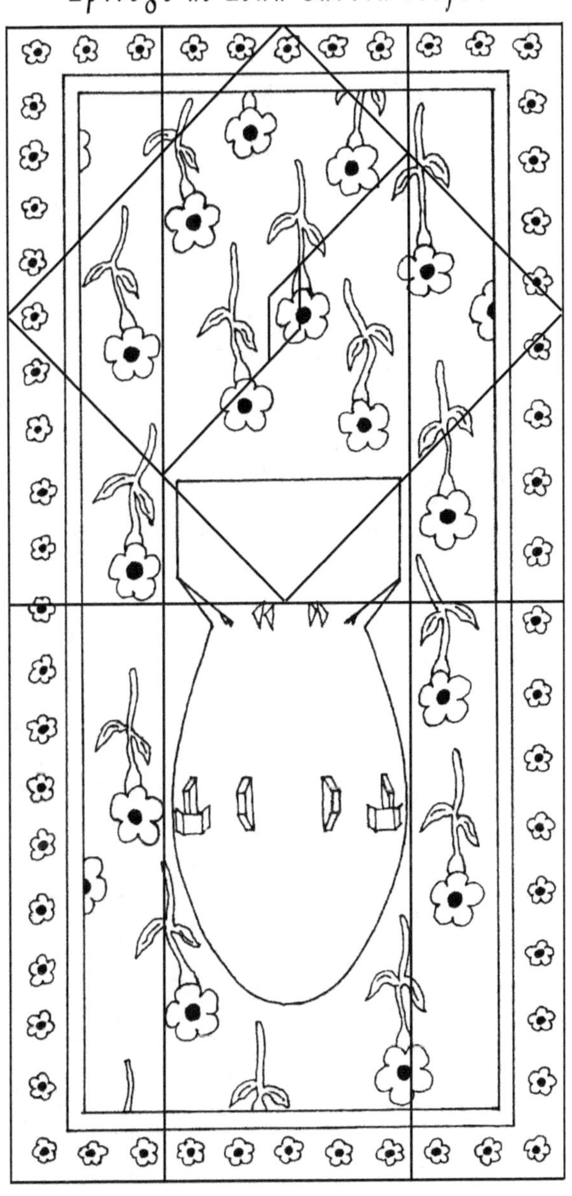

La bomba y sus hombres

A mis ex alumnos.

A Beatriz Careaga Tagüeña.[†]

Toda la luz de la Tierra
la verá un día el hombre
por la ventana de una lágrima...
Pero aún no ha dicho el Verbo:
¡Que el llanto se haga luz!

León Felipe

Índice

Prólogo quisquilloso

La verdad del hombre empieza donde
acaba su propia tontería.
Pero la tontería del hombre
es inagotable.
Antonio Machado

El 2 de agosto de 1939, Albert Einstein envió una carta al presidente estadounidense Franklin D. Roosevelt. "Esta carta resultó decisiva para que el gobierno estadounidense se decidiera a invertir enormes recursos económicos con objeto de poner en marcha el Proyecto Manhattan, después que el reporte de un comité científico lo calificó 'practicable e idóneo' para conducir a resultados decisivos en la guerra."

Con el comentario anterior, publicado en su artículo "Biografía de la radiactividad: un tema de nuestro siglo",[1] Manuel Navarrete T. y Luis Cabrera M. remiten, como tantos otros, a la supuesta importancia de la intervención de Einstein en la fabricación de las bombas atómicas.

Con frecuencia esa carta se menciona como principal catalizador de la grave responsabilidad de Einstein para despertar la conciencia de Roosevelt sobre el Proyecto Manhattan. El mismo prestigio de Einstein le juega la mala pasada de hacer creíble esta tesis, porque ¿quién iba a desestimar sus juicios?, ¿qué mortal hubiera podido dejar de apreciar su genialidad e ignorar sus opiniones?

Cuando alguien se gana nuestra admiración, solemos creer que ésta es compartida con idéntica intensidad por todos cuantos nos rodean. Por supuesto, Einstein es realmente una de las personalidades más carismáticas de la historia; por ello, ¿cómo pensar que algún presidente iba a escucharlo como quien oye llover? Esta idea resulta inaceptable para los jóvenes estudiantes de ciencias y para los científicos empapados de la importancia de las contribuciones de nuestro personaje; sin embargo, es más verdadera que la de la correlación inmediata entre su carta y la respuesta del gobierno estadounidense a lo que en ella se pedía.

Desgraciadamente, las cosas nunca han sido tan simples. La llamada verdad científica se mueve en un medio que no es precisamente el de los políticos; abundan los ejemplos de cómo el poder político-militar *usa y abusa* no sólo del descubrimiento científico en sí, sino también de los mismos científicos, individuos sujetos, como cualquier otro ser humano, a la autoridad del Estado.

Nunca un político destacado se ha sentido dependiente de la opinión de un científico, entre otras razones porque sus valores son diferentes. Para los políticos, la ciencia y los científicos son simplemente medios, medios para alcanzar objetivos que a veces pueden coincidir con los intereses de las mayorías, incluidos los mismos investigadores científicos, pero que en muchas ocasiones sólo son compartidos por distintas élites cuyos móviles no son necesariamente los mismos que los de esas mayorías.

Ciertamente, la manipulación política del conocimiento científico, incluso para conseguir objetivos contrarios al bienestar de las grandes masas de población, es angustiante, y resulta fácil comprender que un "mundo feliz", al estilo de Huxley, una sociedad de esclavos técnicamente seleccionados, determinados y controlados por el Estado, es ya una posibilidad real del futuro.

La carta de Einstein fue únicamente *uno de los muchos factores* que influyeron en la decisión del gobierno estadounidense para construir las primeras bombas atómicas, pero fue "gota en vasto mar". Darse cuenta de esto y difundirlo no sólo es justo, sino también positivo, sobre todo para eliminar esa predisposición a simplificar absurdamente los hechos históricos. Si se trata de hallar responsables ante la historia del uso de la bomba atómica contra poblaciones civiles, hay otros mucho más culpables, de quienes se habla muy poco.

Hubo algunos, como Leo Szilard que, seguros de la existencia de un proyecto alemán en favor de la bomba, hicieron lo posible para convencer al gobierno estadounidense de la necesidad de adelantarse y, luego, al descubrir que Alemania no estaba tan avanzada, trataron de detener la masacre.

Otros más, nunca modificaron sus puntos de vista, ni siquiera después de la tragedia de Hiroshima y Nagasaki, porque cambiarlos significaba aceptar su propia y fatal equivocación y eso requería de más valor del que tenían. Es necesario analizar y divulgar la historia de esas actitudes.

H.G. 1997.

1

La investigación nuclear: 1932 a 1939

El neutrón: el protagonista

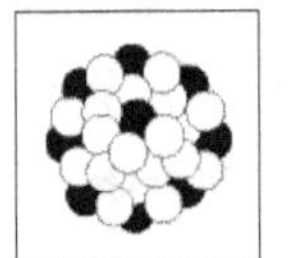 El 18 de enero de 1932, el matrimonio Joliot-Curie comunicó una importante observación a la comunidad científica: estudiaron cuidadosamente la radiación penetrante que emitía el berilio al ser bombardeado por partículas α procedentes del polonio, y notaron con sorpresa que era capaz de desprender protones de una capa de parafina. Al pensar que podía tratarse de un error pues se creía, desde el descubrimiento de la radiación penetrante por Walther Bothe dos años antes, que ésta podía ser semejante

a la ya conocida radiación gamma, es decir, carente de masa e incapaz de provocar ese efecto sobre la parafina, repitieron su experimento: sustituyeron la cámara de ionización que habían usado, por una de niebla.

El 22 de febrero publicaron el resultado de su segunda observación y confirmaron la primera.

Cuando James Chadwick, colaborador de Rutherford en Cambridge, Inglaterra, leyó la primera notificación del matrimonio francés, repitió los experimentos pero dirigió la radiación no sólo contra parafina, sino también contra helio y nitrógeno.

Muy excitado, Chadwick comunicó a su genial jefe su interpretación: se trataba de la partícula neutra sobre cuya existencia el equipo de Rutherford trabajaba desde hacía más de diez años.

El 17 de febrero de 1932, Chadwick envió una carta a la revista *Nature;* en esas líneas anunciaba el descubrimiento del *neutrón*. La reacción que representa el fenómeno que observó es ésta:

$$_2\text{He}^4 + {}_4\text{Be}^4 \longrightarrow {}_6\text{C}^{12} + {}_0\text{n}^1$$

Entusiasmado ante la hazaña de su discípulo, Rutherford hizo lo imposible porque se le otorgara el Premio Nobel, pero cuando alguien le dijo que la observación de los Joliot-Curie había sido el punto de partida para el descubrimiento, y que por lo tanto el premio debía ser compartido, se opuso y comentó: "Por el neutrón, sólo a Chadwick; los Joliot son tan inteligentes que pronto lo merecerán por alguna otra cosa."[2]

El año empezaba bien para los investigadores del átomo, pero sus trabajos no llegaban a la mayoría de la gente, ajena por completo a esos conocimientos. En México, por ejemplo, las noticias que interesaban al público en ese año se referían a otros temas: José Revueltas, apresado en una furibunda campaña anticomunista del gobierno, era trasladado al presidio de las Islas Marías; Pascual Ortiz Rubio renunciaba a la presidencia presionado por Calles y lo sustituía Abelardo L. Rodríguez, mientras Cárdenas pasaba a ocupar la Secretaría de Guerra.

En España corrían vientos de violencia: el general Sanjurjo se levantaba en armas contra el gobierno y fracasaba en su intento por derribarlo.

En Alemania, las elecciones de julio se resolvían con el gran triunfo de las fuerzas de derecha, acercando a Hitler al poder, mientras en Estados Unidos, Franklin D. Roosevelt era electo presidente.

Los asuntos del átomo no trascendían. No importaban a los políticos, mucho menos a una opinión pública que no estaba ni remotamente enterada de su existencia.

¿Qué podía importar, por ejemplo, en Arabia, que ese año se hizo Saudita? Pero, por otro lado, ¿es importante el átomo en nuestros días para la gente común y corriente?

El acoso a la inteligencia. Einstein emigra

En 1932, la situación en Alemania se hacía muy desagradable para Einstein, que aceptaba una de tantas invitaciones para dictar unas conferencias en Pasadena, California, mientras Abraham Flexner trataba de convencerlo de integrarse al equipo de personalidades destacadas con el que quería crear un Instituto de Estudios Superiores, en Estados Unidos. La última foto de Einstein en Alemania la tomó un admirador con el que se cruzó por las calles de Berlín, el lo. de diciembre de 1932. Entonces, ni él mismo sospechaba que su próxima salida al extranjero iba a ser la definitiva.

El 30 de enero de 1933, cuando Einstein se encontraba en Pasadena, Adolfo Hitler subió al poder. Einstein decidió cancelar una conferencia que debía dar en la Academia Prusiana en marzo, pues antes que otros lo comprendieran, incluso Churchill y ciertos políticos, el científico presintió lo que estaba por ocurrir.

También durante esos días, Einstein se enteró de que su gran amigo, el profesor Emil Gumbel, había huido de Alemania y eso le trajo nuevas preocupaciones. El 10 de marzo anunció a la periodista Evelyn Seeley que no pensaba volver a Alemania[3] y el 17 se embarcó rumbo a Holanda, donde pensaba radicar definitivamente.

Durante la travesía supo que miembros de las Secciones de Asalto (SA), cuerpo paramilitar del partido nazi, habían saqueado su modesta casa en Caputh, Austria, "en busca de armas". Aunque parezca mentira, han existido personas capaces de ver en Einstein a un "subversivo" aficionado a la violencia.

Después de eso, instalado en el pueblecito belga Le Coq-Sur-Mer, renunció a la nacionalidad alemana y escribió una carta, también de renuncia, para la Academia Prusiana.

Evidentemente, sus miembros, más inteligentes que los de la SA, no la creyeron una "carta explosiva", aunque en otro sentido lo era.

Los nazis, entonces, consideraron oportuno anunciar que habían anulado oficialmente la ciudadanía de Einstein, a lo que éste contestó renunciando, en abril, a la Academia de Baviera:

"Las sociedades científicas de Alemania han permanecido pasivas y silenciosas, mientras gran número de científicos, estudiantes y profesionales con preparación académica se han visto privados de su empleo y de sus medios de vida.

"No quiero pertenecer a ninguna sociedad que se comporte de esa manera, aunque lo haga por coacción."

Así definía el gran científico su compromiso social, su compromiso político, su compromiso humano. Pero el caso de Einstein era sólo la "punta del témpano". Muchos científicos y humanistas eran perseguidos por el absurdo y criminal régimen nazi.

Por ejemplo, ese mismo año, Max Born fue "invitado" a renunciar a su cátedra de Gotinga. Born, soldado en Verdún durante la primera Guerra Mundial, quien había sufrido de intoxicación con gas y una herida en el abdomen, ya no era para los nazis lo bastante "buen alemán" como para olvidar su origen judío.

Fue entonces cuando James Franck, Premio Nobel en 1926, capitán del ejército alemán durante aquella primera Guerra, se solidarizó con Born y presentó su propia renuncia.

La noche del 10 de mayo de 1933, una turba vociferante de las SA y pseudoestudiantes, se dio cita para quemar libros de autores como Sigmund Freud, Thomas Mann, Erich Maria Remarque y Albert Einstein, pensando en su delirio que así lograban hacer desaparecer también sus ideas.

En ese clima político se aceleró la fuga de cerebros: el judío Schrödinger renunció a su cátedra de Berlín y se trasladó a Dublín, mientras Max Born dejaba su célebre cátedra en Gotinga y se dirigía a Edimburgo, para después pasar a Estocolmo.

Invitado a Inglaterra, frente a una audiencia de más de diez mil personas, Einstein denunció una vez más lo que los países europeos no querían ver: en Alemania, el partido nazi perseguía la libertad de pensamiento como nunca antes se había hecho por un gobierno.

Días más tarde, se embarcó rumbo a Estados Unidos, a Princeton, donde Abraham Flexner había ubicado su Instituto de Estudios Superiores; Einstein llegó el 17 de octubre de 1933.

Un regalo de reyes de los Joliot-Curie:
la radiactividad artificial

Mientras tanto, Irene Curie y Frédéric Joliot continuaban, incansables, sus experimentos. En la VII Conferencia Solvay, realizada en Bruselas del 22 al 28 de octubre de 1933, anunciaron, en presencia de representantes de la "vieja generación", tales como Maríe Curie y Ernest Rutherford, *la producción de una emisión continua de positrones en materiales irradiados con partículas* a. No se les prestó gran atención e incluso sufrieron algunas críticas del equipo alemán, sobre todo de Otto Hahn y de Lise Meitner, entre otras causas porque la atención de la Conferencia se dirigía a problemas diferentes, como el de la desintegración β, a cuyo estudio iba a dedicarse el científico italiano Enrico Fermi.

Terminada la Conferencia Solvay, Fermi regresó a Roma decidido a aclarar el misterio. A finales de 1933, envió el manuscrito de su investigación a la revista *Nature*, pero el director de ésta lo rechazó.[4] Por su parte, los Joliot-Curie regresaron a París y confirmaron sus observaciones.

El 19 de enero de 1934 dirigieron una carta a la misma revista *Nature* en la que se leía: "...Nuestros últimos experimentos han revelado un hecho muy sorprendente. Al irradiar una hoja delgada de aluminio sobre una preparación de polonio, *la emisión de positrones no cesa inmediatamente cuando se suprime la preparación activa. La hoja sigue siendo radiactiva y la emisión de radiación disminuye exponencialmente, como en un radioelemento ordinario.* Hemos observado el mismo fenómeno utilizando boro y magnesio..."

Finalmente, el trabajo del matrimonio francés daba un fruto

importante: el descubrimiento de la radiactividad artificial, mismo que lo llevó en 1935, por fin y muy merecidamente, al Premio Nobel.

Los proyectiles usados en sus experimentos eran las partículas α procedentes del polonio. Irene y Frédéric apreciaron que por cada *millón* de partículas α dirigidas contra el aluminio, se obtenía *una* desintegración radiactiva y la razón de tan bajo rendimiento resultaba evidente: el núcleo del aluminio, cargado positivamente, las repelía desviándolas de su trayectoria.

Alquimia italiana del siglo XX

Al enterarse Fermi de los descubrimientos de los Joliot-Curie tuvo una idea aparentemente simple, pero en realidad sujeta sólo al alcance del genio: en lugar de partículas α usar neutrones como

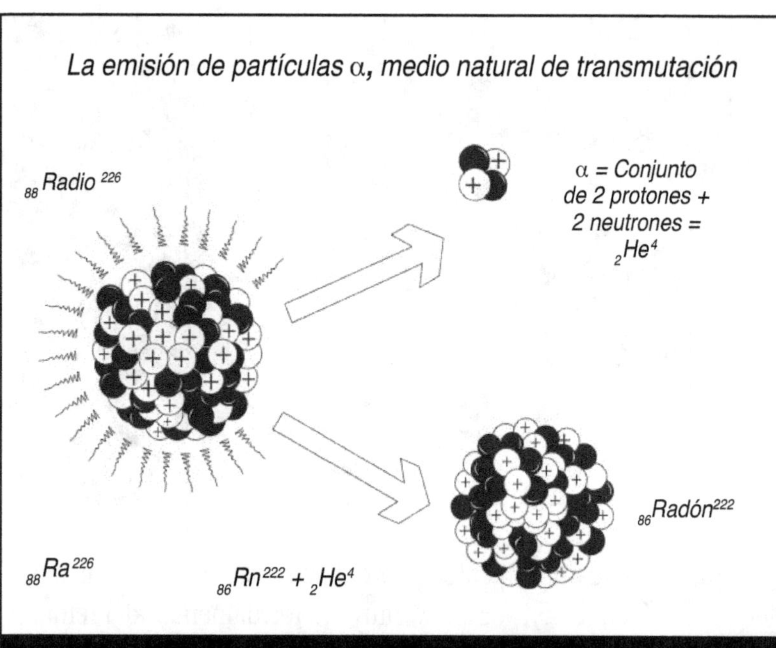

Figura 1. El radio emite una partícula α transformándose en radón.

proyectiles ideales, pues la repulsión eléctrica quedaba eliminada para ellos.

Esa idea, apoyada como se ha dicho, en la observación del experimento de los Joliot-Curie y en el descubrimiento del neutrón, resultaría extraordinariamente fértil en la historia de los descubrimientos nucleares, pero en aquel entonces nadie se imaginaba en qué dirección ni en qué forma lo sería.

Simplemente, se trataba de sustituir lo que evidentemente no era muy eficaz, las partículas α, por lo que prometía serlo mucho como proyectil, el neutrón.

¿Qué ideas e informaciones iban relacionándose entre sí en el cerebro de Fermi?, a) por un lado, una clara concepción teórica de lo que significaba la desintegración β, y su principal consecuencia: la transmutación del elemento que la sufre en otro diferente, de número atómico superior en una unidad al del elemento original; b) por el otro, la información del matrimonio francés con respecto a la obtención artificial de elementos radiactivos, mediante el bombardeo de otros elementos no radiactivos con partículas α y c) finalmente, la posibilidad de lograr esa transmutación por medio de neutrones.

El producto teórico de esa mezcla de sugestivas ideas estaba a la vista cuando se trataba de someter a ese bombardeo al último de los elementos de la tabla periódica.

¿Qué podía ocurrirle al uranio si se lograba introducir en su núcleo un neutrón?, ¿se haría emisor de partículas β?, ¿cuáles serán sus consecuencias?, ¿transformarse en *otro* elemento de número atómico *mayor* al del uranio? ¡Pero ese elemento *no* existía naturalmente! ¿Podía el hombre hacer realidad el viejo sueño alquimista de transmutar un elemento en otro? Eso ya lo había logrado Rutherford, pero ahora se trataba de algo aún más importante: crear lo que *no existía*, un elemento ausente en la naturaleza. ¿Sería posible, o se desataría en otra dirección la desintegración radiactiva?

Para contestar esas preguntas, Fermi se lanzó a realizar apasionantes experimentos y comenzó a irradiar cuanto elemento se le ponía al alcance, en orden creciente de sus números atómicos. Pero, en marzo de 1934, su fértil inteligencia le brindaba nuevas ideas: como fuente de las partículas α para obtener neutrones, pensó en utilizar radón, más fácil de obtener que el polonio (véase figura 1).

$$_2\text{He}^4 + {}_4\text{Be}^9 \longrightarrow {}_6\text{C}^{12} + {}_0\text{n}^1$$

↑

(procedente de polonio o radón)

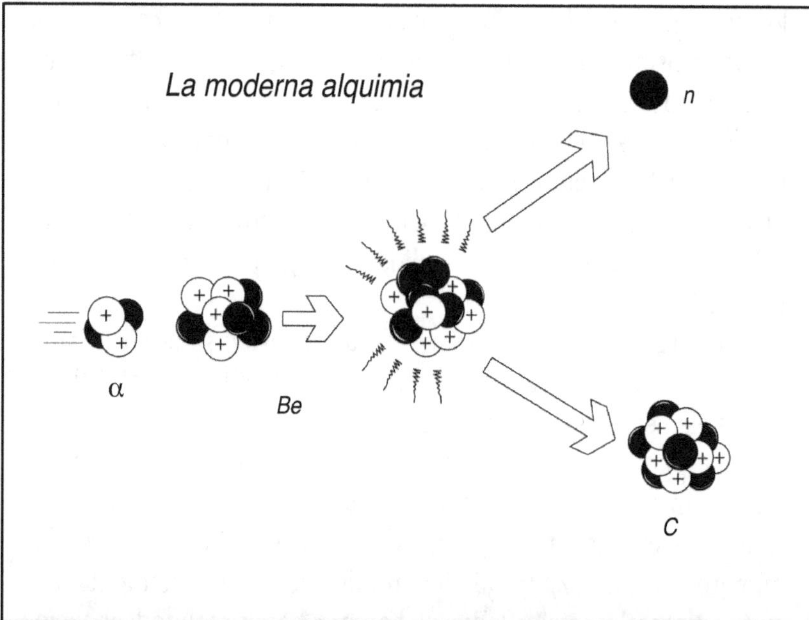

Figura 2. La partícula α choca con el núcleo de berilio y produce un núcleo de carbono, liberando un neutrón.

Con esa fuente más potente de partículas α, el radón empezó a brindar resultados importantes y se llegó a hablar de hipotéticos "elementos transuránidos". La idea de la obtención de transuránidos era familiar no sólo para el equipo de Fermi, sino también para muchos físicos italianos interesados en las investigaciones. Uno de ellos, Otto María Corbino, director del Instituto de Física de la Universidad de Roma, orador oficial de la ceremonia de clausura de los cursos en la *Academia dei Lincei*, en el verano de 1934, dijo:

"El caso del uranio, cuyo número atómico es 92, resulta particularmente interesante; parece que, al absorber un neutrón, se convierte rápidamente, mediante la emisión de un electrón, en el elemento al que corresponde el siguiente lugar en la tabla periódica, es decir, se transforma en un nuevo elemento que tiene el número atómico 93. El nuevo elemento es también radiactivo y *sufre ulteriores desintegraciones cuya naturaleza aún no ha sido suficientemente aclarada...*"

Los análisis químicos hacían pensar, erróneamente, que ese elemento correspondería al grupo del osmio, del iridio y del platino. Aún nadie sospechaba la existencia de un conjunto de elementos, semejantes a las tierras raras, localizado más allá del uranio en la tabla periódica. Los investigadores italianos demostraron que no se obtenía ningún elemento con número atómico *intermedio* entre el plomo 83 y el uranio 92 y a pesar de que Ida Noddack les envió desde Suiza un artículo en el que planteaba la posibilidad de que un núcleo pesado se partiera en dos porciones más o menos iguales, no le hicieron caso.

¿Por qué esa ceguera en tantos casos parecidos de la historia de la ciencia? Ahí estaban Fermi y sus colaboradores, Segré, Amaldi, Pontecorvo y Rasetti, *frente a la fisión nuclear* y no la percibieron, ni lo apreciaron. En cambio, Fermi hizo otro descubrimiento trascendental cuando, sin ninguna razón lógica, sustituyó la pantalla de plomo que ponía frente a la fuente de partículas α, por otra de parafina: el efecto desintegrador se multiplicaba notablemente. Según cuenta el astrofísico Chandrasekhar, en cierta ocasión Fermi le dijo:

"Trabajábamos con mucho ahínco sobre la radiactividad inducida por neutrones y los resultados que obteníamos parecían no tener sentido. Un día, al llegar al laboratorio, se me ocurrió examinar lo que ocurriría al colocar un pedazo de plomo ante los neutrones incidentes.

"Contra mi costumbre, puse gran empeño en que la pieza de

plomo fuera fabricada con mucha precisión pues estaba insatisfecho con alguna cosa: utilicé todas las excusas posibles para posponer la colocación de dicha pieza; cuando finalmente, con cierta reticencia iba a ponerla en su sitio, me dije a mí mismo: 'No, aquí no quiero esta pieza de plomo; lo que quiero es un trozo de parafina.'

"Ocurrió así, sin previo aviso, sin un razonamiento consciente anterior. Inmediatamente, tomé el primer pedazo de parafina que encontré y lo coloqué donde estaba la pieza de plomo."[5]

Según cuenta Emilio Segré, la parafina se probó por primera vez el 22 de octubre de 1934; dicha prueba sorprendió a todos, al apreciar que la intensidad de la radiactividad inducida en el aluminio por los neutrones filtrados a través de aquélla, *era mucho más alta que la obtenida anteriormente.*

Ese mismo día, Fermi proponía la siguiente hipótesis: los neutrones sufrían colisiones elásticas con los átomos de hidrógeno de la parafina, que disminuían su velocidad, y su movimiento lento los hacía más eficaces, elevando las probabilidades de choque contra los núcleos de aluminio.[6]

Los choques que disminuían la energía de los neutrones, aproximándola a la del calor, es decir que la *termalizaban,* se producían con los átomos de hidrógeno. Ya no debe sorprendernos que después se pensara en el agua, y un poco más tarde en el *agua pesada,* para obtener el mismo efecto. Con el tiempo, las sustancias que, como la parafina o el agua, resultaron capaces de disminuir la energía de los neutrones en su trayectoria rumbo al blanco de bombardeo, fueron conocidas como *moderadores.*

"Errar es humano". Rutherford se equivoca

Conviene detenernos un poco y recapitular sobre lo que en octu-bre de 1934 ya se conocía, se estudiaba y descubría.

A partir del estudio de la radiactividad y de la transmutación artificial, la visión del átomo se había modificado radicalmente. Los descubrimientos del neutrón, del positrón y de la radiactividad inducida habían acelerado el ritmo de trabajo.

En 1933-1934, después de explicar la desintegración β y descubrir la forma de elevar la intensidad de emisión de los neutrones, así como de "moderar" su energía, el ambiente científico estaba en plena ebullición.

Existía una línea, paralela a la descrita, en el campo de desarrollo

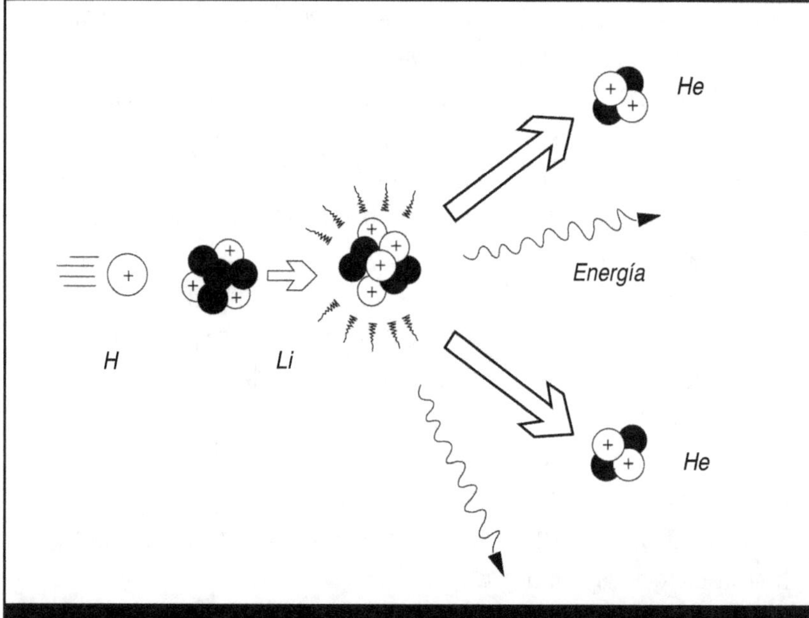

Figura 3. Primera división artificial del átomo de la historia, el experimento de Cockcroft y Walton.

de aparatos usados en la investigación nuclear y eso también iba a resultar trascendental.

A principios de la década de los años treinta surgió una gran variedad de aparatos dedicados a aumentar la energía de los proyectiles lanzados contra los núcleos; se fabricaron los primeros aceleradores de partículas. Robert Van de Graaff y Ernest O. Lawrence, en Estados Unidos, y John D. Cockcroft y Ernest T. S. Walton, en Inglaterra, se adelantaron en ese campo. El de Van de Graaff era un acelerador electrostático que estaba listo para ser usado en Princeton, Estados Unidos, en 1931.

Sin embargo, la primera división nuclear en un acelerador fue lograda por Cockcroft y Walton en Cambridge, Inglaterra, en 1932. En su aparato, mucho más modesto que el de Van de Graaff, aceleraron protones dirigiéndolos contra litio; el resultado fue la ruptura de éste y la formación de helio:

$$_1H^1 + _3Li^7 \longrightarrow 2_2He^4 + \text{energía}$$

Entre los resultados importantes de esta experiencia, se encuentra la medición del primer defecto de masa obtenido en laboratorio, lo que constituyó también la primera confirmación experimental de la ecuación de Einstein: $E = mc^2$, y *la primera prueba de que los fenómenos nucleares podían liberar energía.*

Cockcroft y Walton habían dividido el núcleo atómico. Contrario a lo que podía pensarse, este resultado fue acogido con serias reservas, incluso por el mismo Lord Rutherford, quien siempre

MeV
25
20
15
10
5
0
-1
Energía en relación con el estado fundamental del $^{8}_{4}$Be
23.9 MeV
22.5
21.4
19.9
19.2
18.1
17.6
14.7
11.1
10.0
7.5
4.9
4.1
2.9
0.0
$^{8}_{4}$Be
21.5 MeV
$^{5}_{3}$Li + $^{3}_{1}$H
18.9
$^{7}_{4}$Be + $^{0}_{1}$n
17.2
a) $^{7}_{3}$Li + $^{1}_{1}$H
2 α, cada
8 · 85 MeV
b)
c)
2 α
-0.1
2 $^{4}_{2}$He
2α
22.3 MeV
$^{6}_{3}$Li + $^{2}_{1}$H
20.5
$^{3}_{2}$He + $^{4}_{2}$He + $^{1}_{0}$n
0 · 4
17.2
$^{7}_{3}$Li + $^{1}_{1}$H

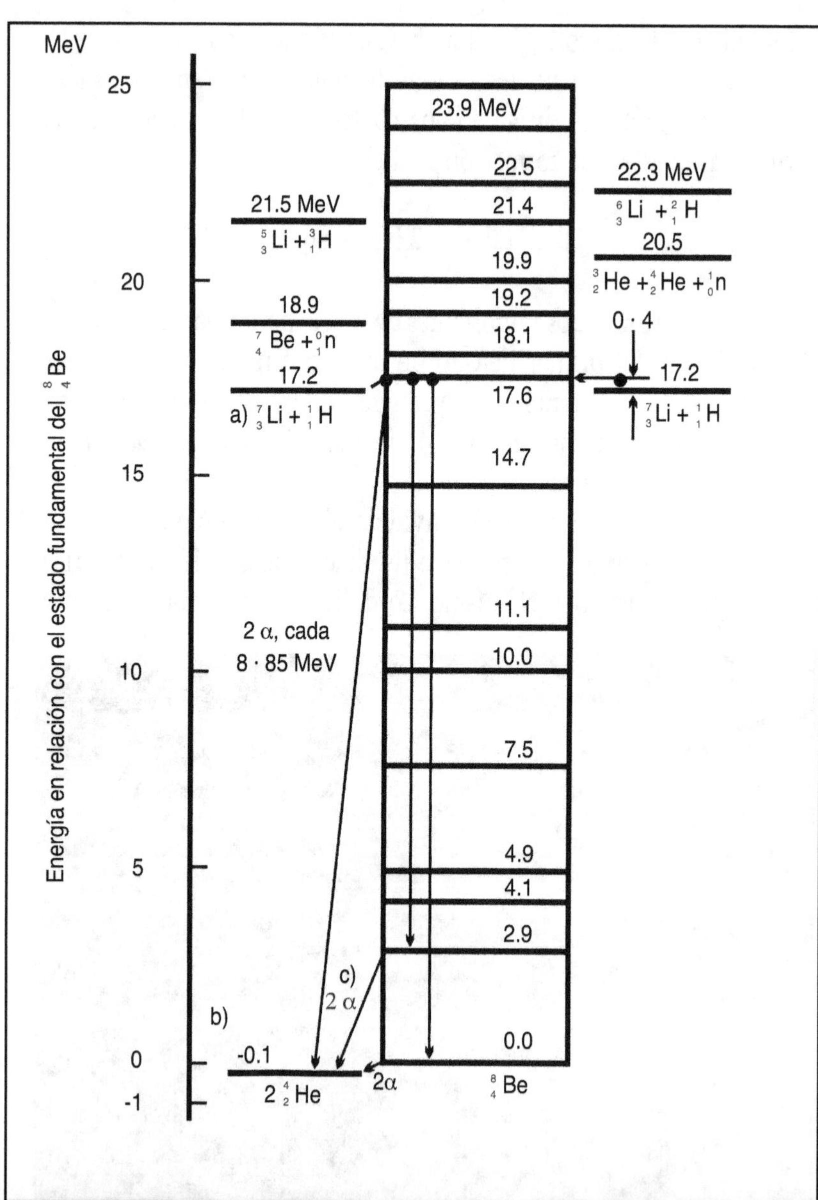

28

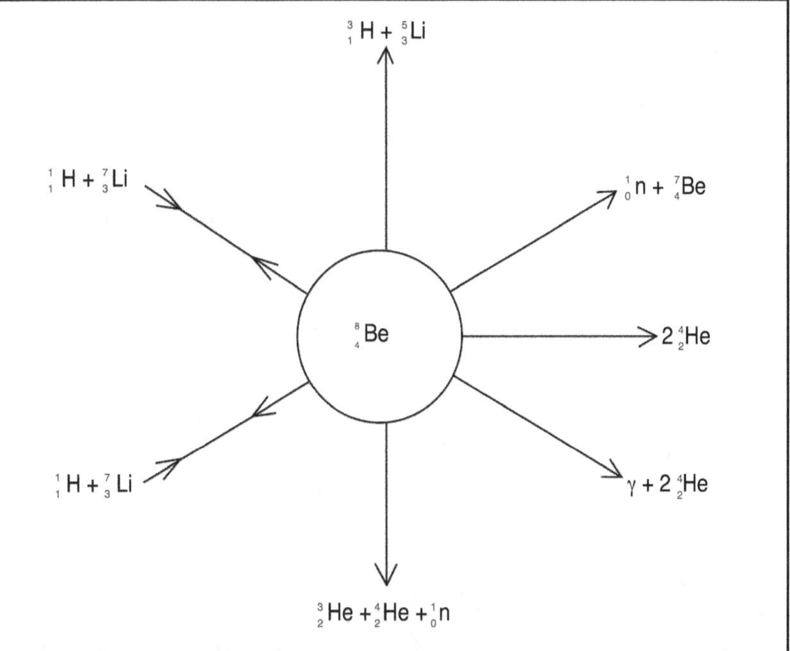

Figura 4. Algunos niveles energéticos del núcleo de ${}^{8}_{4}Be$ aparecen en la columna del centro y el (inestable) estado fundamental del ${}^{8}_{4}Be$ se ha tomado como energía cero.

Si un protón de energía 0.4 MeV golpea un núcleo de ${}^{7}_{3}Li$ puede combinarse para formar un núcleo excitado ${}^{8}_{4}B$ de 17.6 MeV de energía. Éste tiene una vida media muy corta (menos de 10^{15} s) y puede romperse de una de las siguientes maneras: a) puede emitirse un protón (usualmente no el incidente) de casi la misma enegía que el incidente; b) pueden emitirse dos rápidas partículas α (ésta es la primera reacción observada por Cockcroft y Walton). El núcleo ${}^{8}_{4}Be$ puede saltar a un nivel energético más bajo, emitiendo un rayo gamma (γ), y entonces el núcleo se divide en dos partículas.

Si se utilizan protones de energía suficiente pueden ocurrir otros modos de desintegración, por ejemplo bombardeando con protones de 2 MeV de energía se producirán neutrones, así como partículas α y ravos γ.

La energía del protón no necesita corresponder exactamente un nivel de ${}^{8}_{4}Be$ excitado, aunque una o más de las reacciones posibles ocurrirán más fácilmente cuando sea así.

Fuente: Shire. E. S., Rutherford y el átomo nuclear, *Alhambra, Madrid, 1980.*

creyó que las posibilidades prácticas de aprovechar esa energía eran nulas: "Estas transformaciones del átomo son de extraordinario interés para los científicos, pero no podemos controlar la energía atómica hasta el punto en que pueda tener valor comercial, *ni creo que nunca seamos capaces de hacerlo.* Se han dicho muchas tonterías sobre las transmutaciones. Nuestro interés en la materia es puramente científico."[7]

Así se expresó en 1933 el pionero en la investigación nuclear, Ernest O. Rutherford, Premio Nobel de 1908 y maestro de muchos otros Premio Nobel, ante los miembros de la Asociación Británica. Entre los oyentes de Rutherford se encontraba un físico húngaro, refugiado en Inglaterra: Leo Szilard.

Leo Szilard: un genio casi desconocido

Con Leo Szilard la historia ha sido un poco avara al mostrarnos sólo unos cuantos detalles de su brillante personalidad. Szilard fue uno de los primeros en comprender el trasfondo de los experimentos con neutrones, en apreciar sus implicaciones militares y políticas y en tratar de intervenir para sujetar éstas a un criterio ético.

Nacido en 1898, Szilard pronto aprendió a discutir contra la estrechez de pensamiento de las élites militaristas. Huyendo de la trágica dictadura de Bela Kun, en Hungría, emigró a Berlín, donde se matriculó en la universidad y empezó a estudiar física teórica bajo la tutela de maestros como Einstein, Von Laue y Max Planck. En 1932, año en que Adolfo Hitler ascendió al poder como Canciller del Reich, Szilard ya era profesor en el Instituto del Káiser Guillermo. Muy inteligente y con experiencia previa, entendió lo que esperaba a quienes, como él, estaban acostum-

brados a pensar con libertad y eran, por añadidura, de origen judío; en cuanto pudo, no dudó en trasladarse a Viena. Seis semanas después, decidió viajar rumbo a Inglaterra. Así fue como, en 1933, cuando los neutrones se usaban ya como proyectiles, pudo escuchar en Londres el comentario de Rutherford. "Esto me dio qué pensar", comentaría más tarde. Szilard se preguntó, entonces, ¿qué pasaría si algún elemento absorbiera *un* neutrón y liberara *dos*? Parece ser que fue el primero, si bien no el único, en imaginar las consecuencias de este fenómeno, en considerar la que se llamaría después *reacción en cadena* y en hacer los primeros cálculos sobre la energía liberada.

Pero Szilard fue más lejos. Testigo de las brutalidades de dos dictadores, no es extraño que se asustara ante la posibilidad de que Hitler, uno de ellos, pudiera disponer de esos procesos nucleares con fines militares, y utilizarlos en la fabricación de un artefacto explosivo. ¡Eran tantos los equipos de investigadores dedicados al estudio de estos fenómenos! Szilard no lo dudaba:

tarde o temprano alguno de ellos resolvería el problema y ¿qué sucedería si fuera el equipo alemán, subordinado a la política de los nazis, o bien el equipo italiano sujeto, creía él, a las disposiciones de Mussolini?

La voz que sonó en el desierto: Ida Noddack

Por fin, en 1934, una persona concibió genialmente la posible división del átomo en fragmentos grandes. Fue una mujer, Ida Noddack quien, en compañía de su esposo Walter Noddack, constituía el grupo de químicos más especializado en el análisis de las llamadas "tierras raras", los elementos de la casilla 57 de la tabla periódica. Los Noddack eran investigadores del Instituto de Química-Física de la Universidad de Friburgo, en Brisgovia, Suiza.

Cuando llegó hasta ellos el análisis de los "elementos transuránidos" realizado por el equipo de Fermi, dudaron de las pruebas presentadas y a cambio brindaron una interpretación nueva, original y acertada. Ida Noddack mandó una carta a la *Revista de Química Aplicada,* en la que se leía:

"...De la misma manera, se puede suponer que en la nueva destrucción del núcleo por el bombardeo con neutrones se producen reacciones nucleares de muy distinta índole de las observadas hasta ahora en la aplicación de rayos de protones y rayos a. *Cabe pensar que al bombardear núcleos pesados con neutrones, estos núcleos se descompondrán en varias partes menores,* las cuales, *si bien serán isótopos de elementos conocidos, no serán vecinos de los elementos sujetos a radiación."*

Esto se afirmaba en 1934, ¡cuatro años antes del descubrimiento de la fisión nuclear!

Pero nadie lo comprendió; ni Fermi, ni ninguno de los integrantes de los otros equipos comprometidos en la investigación del átomo hizo caso de la opinión de Ida Noddack. ¿Qué hubiera pasado si el equipo italiano no se encontrara momentáneamente cegado a ese respecto?

¿Estaríamos diciendo ahora que la fisión nuclear "fue descubierta en 1934", en la Italia de Mussolini?

Si Hahn, Meitner y Strassman la hubieran descubierto, entonces, en Alemania, ¿se habría hecho lo imposible por desarrollar las armas nucleares en los países del eje Berlín-Roma? ¿Era posible, económicamente, llevarlo a cabo en esos países? ¿Es absurdo, por otra parte, plantearse este tipo de preguntas?

Ahora podemos decirlo: fue afortunado para todos nosotros que aquellos investigadores padecieran entonces de auténtica ceguera ante los hechos que se estaban produciendo allí, frente a ellos.

El navegante italiano se hace a la mar

La campaña antisemita comenzó en Italia el 14 de julio de 1938 con la promulgación del *Manifesto de la Razza*, en el cual se pretendía dar sustento "científico" —ya sabemos cuán científicos eran los fascistas— a la idea de que los judíos italianos debían ser considerados "extraños" al país y en consecuencia sujetos de persecución. Emilio Segré expresa: "Habla en favor de las universidades italianas el hecho de que Mussolini sólo encontrara *cinco* profesores universitarios dispuestos a refrendar el documento con sus nombres."[8]

Las leyes racistas italianas afectaron profundamente a Fermi, cuya esposa era judía; le produjeron tal repugnancia que decidió abandonar definitivamente Italia. Escribió a cuatro universidades estadounidenses con las que tenía relaciones y después de recibir *cuatro* respuestas positivas optó por la de Columbia.

En el otoño de ese mismo año, Niels Bohr se acercó a Fermi y, extraoficial y desusadamente, le informó que estaba nominado para el Premio Nobel. La intención de Bohr era dar tiempo a Fermi para ajustar sus planes. Fermi obtuvo una invitación pública de la Universidad de Columbia para permanecer ahí durante siete meses; para ello requería de una visa de inmigración y no de "turista", con la cual se habría visto obligado a regresar a Italia.

Cuando el 10 de noviembre de 1938 se le comunicó oficialmente que había ganado el Premio Nobel de Física, Fermi estaba preparado para abandonar definitivamente Italia, sin que las autoridades fascistas lo sospecharan. Su partida hacia Estocolmo, fue favorecida incluso por la prensa, ya totalmente controlada por el régimen, que fue muy discreta al anunciar la noticia al público, pues Fermi era objeto de ataques en ciertos periódicos que trataban de desprestigiarlo.

El discurso oficial del 10 de diciembre de 1938, concluyó con las siguientes palabras:

"La Real Academia de la Ciencia de Suecia le ha otorgado a usted el Premio Nobel de Física de 1938 por su descubrimiento de nuevas sustancias radiactivas que pertenecen a la gama entera de los elementos, y por su descubrimiento, en el curso de ese trabajo, del poder selectivo de los neutrones lentos.

"Le ofrecemos nuestras congratulaciones y expresamos la más alta admiración por sus brillantes investigaciones, que arrojan una nueva luz acerca de la constitución de los núcleos y abren nuevos horizontes a ulteriores desarrollos de la investigación del átomo.

Ahora, le ruego que reciba el Premio Nobel de las manos de su Majestad, el Rey."[9] Fermi agradeció el ser distinguido con el Premio; saludó normalmente y no con el brazo al frente (como deseaba el gobierno italiano) y se embarcó no hacia Italia, sino rumbo a Estados Unidos.

Luz en las tinieblas

La persecución antisemita que se había ido intensificando en Alemania a lo largo de todos esos años, culminó la noche del 9 de noviembre, "noche de los cristales", cuando ante la mirada indiferente de la población alemana, ya insensibilizada, cuadrillas de agentes, policías y miembros del partido nazi se lanzaron a destruir las tiendas de los judíos y a quemar sus sinagogas. Esa noche fueron destruidas, según el informe del jefe de la Gestapo a Göring, 7,500 tiendas, incendiadas 101 sinagogas y arrasadas otras 76.[10]

Mientras en la calle ocurría esto, en la paz del laboratorio de Hahn y Strassmann, en Berlín, éstos se tropezaban de nuevo con la ruptura de los núcleos. Pero ahora sí, por fin, iba a ser apreciada y explicada, aunque no por quienes la provocaban, ciegos aún ante el hecho trascendental, sino por otros observadores más acertados en su intepretación, pero perseguidos por ser de origen judío: Lise Meitner y su sobrino Otto R. Frisch.

2

El descubrimiento de la fisión

¿Hahn y Strassman descubrieron la fisión nuclear?

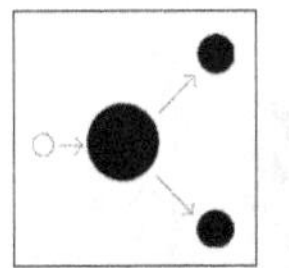 Desde 1936, tras la pista de los "transuránidos" de Fermi, Otto Hahn y Lise Meitner bombardeaban uranio con neutrones. Dos años más tarde, Meitner, asustada por la persecución a los judíos y antes de marcharse de Berlín, había encontrado (en sus rigurosos análisis químicos de los productos radiactivos del bombardeo) sustancias más ligeras que el uranio. Después de verificar los resultados, Hahn estaba seguro de que tres de esas sustancias "se comportaban químicamente como el radio".[11] El resultado era extraño: ¿cómo

37

explicar la formación del radio, situado en la Tabla Periódica cuatro lugares antes que el uranio, al bombardear éste con neutrones? Lo lógico, creían, era obtener algún elemento transuránido ¿Qué era entonces lo que había pasado?

Lise Meitner convenció a Otto Hahn de la prudente necesidad de no publicar un resultado tan extraño que era injustificable teóricamente; poco después, Lise huyó de Alemania.

Durante la navidad de ese año, Meitner se reunió con su sobrino Otto R. Frisch, en Kungalv, una pequeña ciudad sueca cercana a Göteborg. Por primera vez en muchos años, no pudieron reunirse en Berlín, pues ambos temían las represiones del régimen nazi.

Un día después de su llegada a Kungalv, Otto R. Frisch encontró a su tía Lise leyendo una carta de Hahn, quien mostraba gran preocupación. En esa carta, Hahn afirmaba que, después de haber repetido cuidadosamente los análisis químicos, en compañía de Fritz Strassmann (también excelente químico), estaban seguros de que las tres sustancias radiactivas no eran radio. No habían podido separarlas del bario, añadido durante el análisis, y con muchas

reservas habían llegado a la conclusión más lógica: se trataba también de bario, pero mezclado con lantano y cerio. Estos últimos pertenecían al grupo de las tierras raras, aquéllas analizadas y estudiadas acuciosamente por los Noddack.

Mientras paseaban por el bosque nevado, el sobrino sobre esquíes y la tía caminando ágilmente a su lado, discutieron el resultado. ¿No se trataría de un error? ¿No era posible dada la habilidad que como químicos tenían Hahn y Strassmann? Pero, *¿cómo podía formarse bario a partir de uranio?*

Nunca se habían obtenido fragmentos mayores que los neutrones, protones o partículas α en los bombardeos de núcleos. Además, el núcleo no era como un sólido quebradizo que pudiera romperse; años atrás, George Gamow había sugerido, por el contrario, que podía compararse con una gota de líquido y Bohr lo había apoyado.

Entonces, ¿no se habría deformado, como puede hacerlo una gota, después de admitir el neutrón, adelgazándose por el centro, para luego separarse en dos partes? Así se comportaban muchas células, cuya consistencia no era sólida, sino acuosa.

Al llegar a este punto, Lise Meitner y Otto R. Frisch se sentaron en el tronco de un árbol y empezaron a estudiar matemáticamente el asunto, escribiendo sobre un trozo de papel los cálculos de las fuerzas implicadas. La carga positiva de los protones proporcionaba repulsión suficiente para vencer todo efecto de tensión superficial, de modo que el núcleo del uranio podía, efectivamente, compararse a una gota inestable, lista para dividirse al impacto de un solo neutrón. Una vez separadas las dos partes, se alejarían una de la otra acelerándose, debido a la repulsión, con una energía de 200 MeV (millón de electrón-volts) aproximadamente. ¿No era muy grande?, ¿de dónde podía proceder esta energía?

Lise Meitner recordaba la fórmula empírica para calcular masas de núcleos y, al aplicarla, comprobó que los dos núcleos formados por la división del uranio deberían tener masas cuya suma resultaría 1/5 menor que la masa original. Según la fórmula de Einstein, $E = mc^2$, la masa faltante equivalía a 200 MeV. El resultado encajaba y la teoría parecía funcionar.

Dos días más tarde, Frisch regresó a Copenhague, donde trabajaba con Niels Bohr, mientras Lise Meitner, a su vez, volvía a Estocolmo. Cuando Bohr escuchó los excitados comentarios de Frisch, se llevó la mano a la frente y exclamó: "¡Pero qué tontos hemos sido!, ¡qué maravilla! ¡Claro, tiene que ser así! ¿Habéis escrito ya un artículo?"[12] Otto contestó negativamente, pero lo haría enseguida. Después, Bohr, quien salía rumbo a Estados Unidos a una reunión de físicos que se celebraría en Princeton, le prometió no hacer comentario alguno mientras no se publicara el artículo.

Fue mediante comunicaciones telefónicas como Lise Meitner y Frisch lo redactaron. Frisch eligió el término *fisión* para el fenómeno, por sugerencia de su amigo, el biólogo estadounidense James Arnold. El artículo fue enviado a la revista *Nature*, pero ésta tardó cinco semanas en publicarlo; finalmente, apareció el 15 de enero de 1939. Eso dio la ventaja definitiva a Hahn y a Strassmann, cuyo artículo, presentando sus resultados, estaba listo desde el 22 de diciembre de 1938, de tal modo que fue publicado cuando Bohr se encontraba en Princeton, en los primeros días de enero de 1939.

Algunas preguntas

¿Hahn y Strassmann descubrieron la fisión, o fueron Meitner y Frisch? En el artículo publicado en la revista *Naturwissenschaften*, en los primeros días de 1939, Hahn y Strassmann afirmaron:

"Como consecuencia de estas investigaciones, debemos cambiar los nombres de las sustancias mencionadas en nuestros anteriores esquemas de desintegración y denominar lo que previamente llamábamos radio, actinio y torio, con los nombres de bario, lantano y cerio. Como químicos nucleares, próximos a los físicos, *somos renuentes a dar este paso que contradice todas las experiencias anteriores de la física nuclear.*"[13]

La actitud de los dos investigadores fue clara y conscientemente *limitada.* Como químicos expertos, ellos podían decir que los elementos formados al bombardear uranio con neutrones eran el bario, el lantano y el cerio. De eso estaban seguros y por eso lo anunciaron en su artículo. Pero observemos que, quizá con *excesiva prudencia,* no proporcionaban ninguna *interpretación* del experimento. ¿Propusieron la fragmentación del uranio, o por el contrario dijeron: "ahí está el resultado. Piénsenlo ustedes"? Tal parece que fueron *incapaces de asumir la responsabilidad de arriesgar una teoría que explicara sus resultados.*

¿El solo anuncio de los resultados del análisis químico de la fisión, implicó su descubrimiento? Luego vino la *interpretación,* correcta, por cierto, de Frisch y Meitner, *que sí* abrió los ojos a todos los científicos. ¿Podía haberse hecho ésta sin los resultados de Hahn y Strassmann? Desde luego que no.

Pero ¿no es verdad que tanto el enunciado de los resultados, como la observación precisa y su interpretación, se *necesitan mutuamente* para formar el conjunto de hechos que establecen claramente el fenómeno de la fisión? Si estamos de acuerdo con eso ¿por qué el Premio Nobel no fue compartido por los *cuatro protagonistas de esta historia:* Hahn, Strassmann, Meitner y Frisch? ¿Por qué conceder un premio *por un descubrimiento* a quien no lo establece claramente con ese carácter y ni siquiera le da un nombre?

Otros datos pueden ayudarnos a a encontrar respuestas.

Otto Hahn (1879-1966) fue sin duda un extraordinario ser humano. Científico riguroso y hábil, capaz de sacar el máximo provecho a un conjunto de aparatos muy modesto y con él llegar a efectuar experimentos y observaciones transcendentales, tiene una estatura moral más que suficiente para justificar no sólo el Premio Nobel, sino muchos premios más.

Pero el caso es que, en 1944, Otto Hahn recibió el Premio Nobel de Física por el descubrimiento de la escisión de los núcleos pesados, realizado en 1938.

Cuando Hahn fue designado por el Comité de los premios, el III Reich se derrumbaba estrepitosamente. Aún cuando en diciembre de ese mismo año el régimen nazi era capaz de desencadenar la famosa contraofensiva de las Ardenas, su suerte estaba decidida. Y decidida a favor de la derrota.

Hahn no debía ser una figura muy grata para el gobierno alemán cuando no se le concedió permiso para salir de Alemania a fin de recibir el premio en Estocolmo. ¿A qué se temía? ¿A lo que pudiera opinar abiertamente delatando la triste situación en su país? Tuvo que esperar hasta 1946 para recibir la medalla Nobel.

Lise Meitner (1878-1968) había trabajado durante 30 años con Hahn en Berlín, desde 1907 hasta 1938, compartido sus experiencias, influido en sus conclusiones y propuesto líneas de investigación, todo lo que hacía de Hahn y Meitner la "pareja alemana" capaz de competir en prestigio internacional con la famosa "pareja francesa" constituida por Frédéric Joliot e Irene Curie.

Cuando Hahn y Strassmann se encontraron ante resultados de interpretación dudosa, Hahn acudió inmediatamente a Lise Meitner para contar con su opinión y ésta, en diálogo con su sobrino Otto R. Frisch encontró la interpretación correcta.

¿Por qué no se pensó en dar crédito a Lise Meitner como co-descubridora de la fisión?

¿Sería porque en 1944 había desaparecido de la escena política? El caso es que el Premio Nobel se concedió en 1944 por lo que había ocurrido en 1938, y en lo que participaron Meitner, Strassmann y Frisch, además de Hahn.

Es indudable que al Comité Nobel le faltó información oportuna y que juzgó de lejos, como lo hiciera la gran mayoría de quienes juzgaron entonces sobre el descubrimiento de la fisión.

La información que ahora manejamos surgió después, gracias al material autobiográfico que los interesados han estado proporcionándonos.

Actualmente conocemos detalles que en 1944 era imposible conocer. Quizá por este lento abrirse paso de la verdad, en 1966 se concedió el premio Fermi en forma compartida a tres personas: Otto Hahn, Lise Meitner y Fritz Strassmann.

¿El motivo? Su participación en el descubrimiento de la fisión, realizado en 1938.

A juicio del autor, el jurado Fermi fue más justo que el Nobel, entre otras cosas porque tuvo más información a su alcance para juzgar el caso.

Sin embargo, aún quedó fuera Otto Frisch.

El tiempo dirá si se ha juzgado equitativamente al no reconocerlo como codescubridor de la escisión de los núcleos, o si se le ha hecho víctima de una injusticia.

En nuestra opinión, la fisión nuclear *no fue descubierta sólo por Hahn y Strassmann;* también participaron Lise Meitner y Otto R. Frisch a partir, como ocurre generalmente en el campo de la ciencia, de las aportaciones de muchísimas personas que fueron determinando el curso de sus investigaciones.

Por otra parte, cabe destacar una vez más el limitado valor de las concesiones honoríficas, en este caso el Premio Nobel, sujetas a la manipulación política de oscuros intereses. ¿Será necesario recordar la increíble aberración de un Premio Nobel de la Paz concedido a quien ordenó sacrificar impunemente a los infelices refugiados de Sabra y Chatila? No, no es tan importante el Premio Nobel. Consolémonos todos aquellos a quienes aún no se nos concede.

3

El uranio gana popularidad

Szilard intenta detener la historia

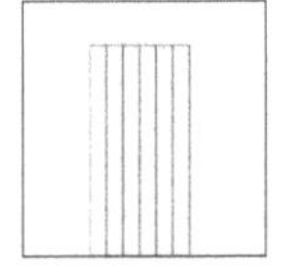

Cuando Bohr se encontraba en Estados Unidos y leyó el artículo de Hahn y Strassmann, durante una conferencia en Princeton, el físico danés explicó cuál era la interpretación de Frisch y Meitner.

Muchos físicos se lanzaron a confirmar el experimento tanto en Estados Unidos como en Europa. Leo Szilard, que aún no tenía colocación definitiva en ninguna universidad estadounidense, solicitó permiso para usar los laboratorios de la de Columbia y en ellos, en menos de tres días, no sólo ratificó los resultados de

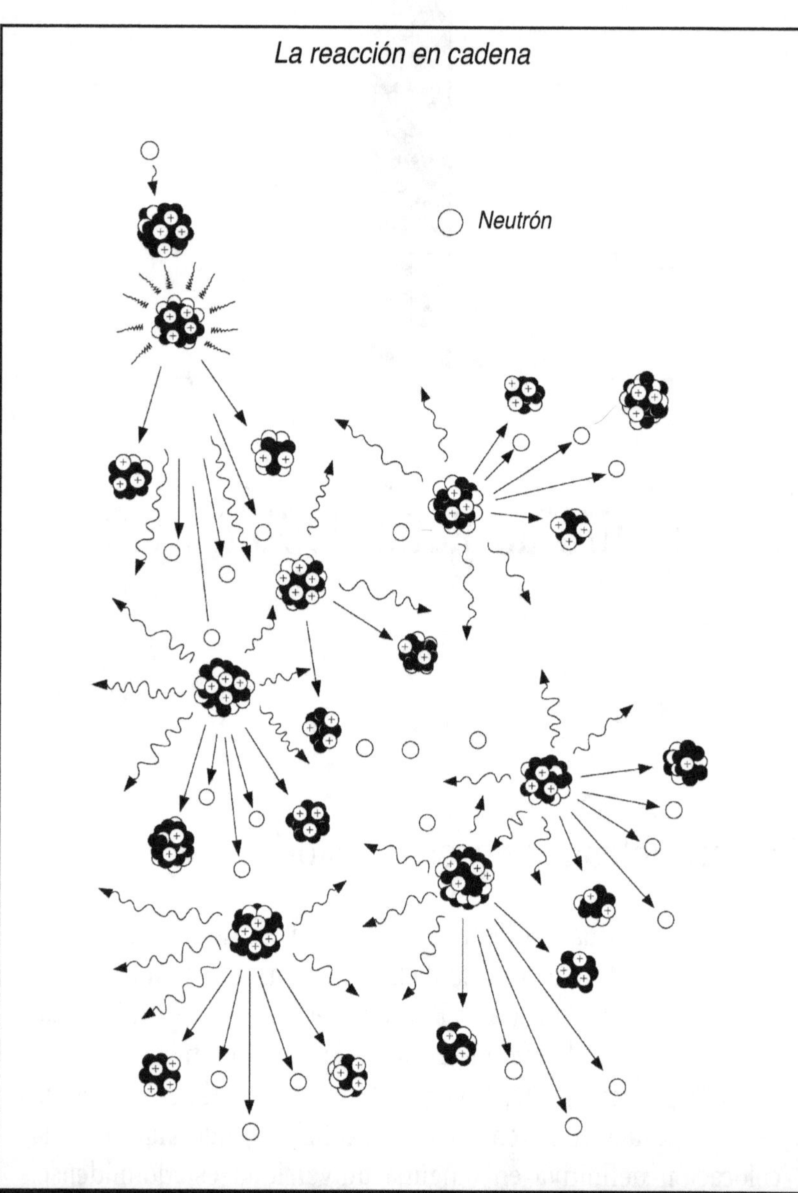

Figura 5. La fisión nuclear y su propagación.

los experimentos de Hahn y Strassmann, sino también su propia teoría: la liberación de un número mayor de neutrones al producirse la fisión. En la misma Universidad, Fermi también comprobó fácilmente la liberación de neutrones, mientras que en Francia lo hacían el infatigable Joliot y sus coloboradores Hans Von Halban y Lev Kovarski.

Pero Szilard fue más allá: imaginó inmediatamente el uso bélico que, desastrosamente, podía darse a este descubrimiento y pensó en la conveniencia de organizar una especie de "acuerdo de silencio" al respecto, entre la comunidad científica. Dado que Fermi trabajaba en la misma Universidad, se dirigió a él y discutió su idea.

Parece ser que Szilard no convenció a Fermi; éste había huido de la censura y no entendió la necesidad de autocensurar un conocimiento revolucionario. Mientras tanto, otros científicos empezaron a preocuparse, de la misma forma que lo hacía Szilard, por las consecuencias de difundir una información tan peligrosa, cuando la agresividad del gobierno alemán crecía y hacía sentir a todos que la guerra estaba muy cerca.

Szilard estaba enterado de que Joliot concebía la posibilidad de la reacción en cadena y escribió al investigador francés, proponiéndole la congelación de todos los experimentos y el silencio sobre lo que ya habían descubierto. Pero en ese momento Joliot experimentaba, en compañia de Halban y Kovarski, y trataba de confirmar su teoría.

Sin tomar en cuenta la carta que le envió Szilard el 2 de febrero de 1939, Joliot siguió adelante con su investigación y para el 8 de marzo había terminado un comunicado, que dirigió a la revista inglesa *Nature*, para su publicación. En éste exponía sus resultados teóricos y experimentales: la reacción en cadena quedaba identificada y expuesta a la vista de todo el mundo (véase la figura 5).

Esto dio al traste con las pocas posibilidades de la "operación autocensura". En Estados Unidos, los colegas de Szilard lo urgieron para que publicara sus propios resultados y el físico estadounidense Rabi, decano de la Universidad de Columbia, llegó a amenazarlo con no permitirle el uso de los laboratorios si no cedía en su posición.

El verano de 1939. La guerra está cerca

El 15 de marzo de 1939, el ejército alemán invadió Checoslovaquia, desmembrándola en Eslovaquia, que había sido declarada estado vasallo del Tercer Reich, y en el "protectorado" de Bohemia y Moravia. Con eso, el partido nazi hacía desaparecer un Estado, sin que Inglaterra ni Francia encontraran motivos suficientes para enfrentarse a tal acción.

En Estados Unidos tampoco se pensaba en la necesidad de oponerse al régimen nazi. Sólo algunas personalidades geniales, como Charles Chaplin, habían descubierto el trasfondo cruel y enfermizo de Hitler. Desde 1938, Chaplin trabajaba en una película que lo denunciaría, *El gran dictador* (1940), que sería exhibida hasta que Estados Unidos entrara en la guerra.

El lo. de abril de 1939, con un comunicado de Franco, termina la Guerra Civil española. Un millón de muertos quedan en el país y más de medio millón de refugiados buscan asilo fuera de España. Este país se retira de la Sociedad de Naciones, mientras en 1939 el presidente mexicano Lázaro Cárdenas, que en 1937 había recibido a 500 niños españoles —conocidos después como "los niños de Morelia"— abre las puertas al resto de la emigración republicana. Los barcos *Sinaya, Mexique* e *Ipanema* desembarcan a los refugiados, que empiezan a ser "trasterrados", como diría después uno de ellos, el filósofo José Gaos.

Los artículos publicados sobre las propiedades del uranio llamaron la atención de los físicos alemanes simpatizantes del régimen quienes, el 30 de abril de 1939, se reuniron en Berlín convocados por el doctor Dames, jefe de la Sección de Investigación del Ministerio de Ciencias, Educación y Formación del Pueblo Alemán. Su objetivo era analizar, en una reunión secreta, la posibilidad de usar la fisión como punto de partida para el movimiento de motores.[14]

Al enterarse de lo que se había discutido en la reunión, el doctor S. Flugge consideró muy grave que esa información se limitara al territorio alemán y publicó un artículo —en el número de julio de *Naturwissenschaften*— y una entrevista en un periódico, que no fueron del agrado del régimen.

Pero ocurrió lo contrario a lo esperado por Flugge: en Estados Unidos cundió la alarma, pues pensaban que los alemanes sabían más de lo que publicaban. Así, la desconfianza entre el reducido número de científicos que en aquel entonces entendía realmente lo que se había descubierto, contribuyó a que se prosiguiera avanzando por el camino que llevaría a la humanidad a la tragedia de Hiroshima y Nagasaki.

Mientras tanto, Enrico Fermi y George B. Pegram, rector de la Universidad de Columbia, habían decidido alertar al gobierno estadounidense sobre las posibilidades de usar la fisión en sustitución de los explosivos tradicionales. El 16 de marzo de 1939, una carta escrita por Pegram fue enviada al almirante S. C. Hooper, de la Jefatura de Operaciones Navales, del Departamento de Marina, en Washington. En ella se decía:

"...Algunos experimentos efectuados en los laboratorios de física de la Universidad de Columbia nos revelan que pueden encontrarse condiciones bajo las cuales el uranio sería capaz de liberar su gran exceso de energía atómica y que esto tal vez signifique la posibilidad de usar el uranio como un explosivo que libere un millón de veces más energía por cada libra, que ningún explosivo hasta ahora conocido.

"Personalmente siento que las probabilidades están en contra de esto, pero mis colegas y yo pensamos que no debe pasarse por alto la más mínima posibilidad de que ello sea cierto, por lo que hice una llamada telefónica esta mañana, principalmente para contar con un canal por el cual transmitir, si la ocasión se presentara, los resultados de nuestros experimentos a las autoridades correspondientes de la marina de Estados Unidos.

El profesor Enrico Fermi quien, en colaboración con el doctor Szilard, el doctor Zinn, el señor Anderson y otros, ha trabajado sobre este problema en nuestros laboratorios, partió a Washington esta tarde para pronunciar una conferencia... estará en esa ciudad hasta mañana. Se comunicará a su oficina y si usted desea entrevistarse con él, con gusto le informará con más detalle el estado actual de nuestro conocimiento en la materia..."[15]

Dos días más tarde, Fermi hablaba en el Departamento de Marina ante un grupo de científicos y de expertos navales. Ross Gunn, joven físico, quedó tan impresionado que escribió un informe a su jefe, el almirante Bowen quien, después de escuchar los argumentos de Fermi, decidió pagar 1,600 dólares a la Universidad de Columbia como apoyo a la investigación. Esa cantidad fue la primera que entregó un representante del gobierno para estimular la investigación de la fisión con fines militares y constituyó un antecedente del que sería el ultrasecreto Proyecto Manhattan.

La noticia de estos descubrimientos llegó en abril de 1939 a quien iba a ser importante personaje en los acontecimientos futuros: Arthur H. Compton. Mientras tanto, en Europa la invasión a

Checoslovaquia era acompañada por la ocupación de sus fábricas, minas e industrias estratégicas.

De acuerdo con la política económica del Reich, se decidió controlar la.producción hasta determinar cómo le convenia a Alemania manejar las materias primas; así, se suspendió la exportación de muchos recursos naturales, entre los que se encontraba el uranio.

La intervención de Einstein

El 15 de marzo de 1939, la política de agresión y conquista de Hitler ya se había concretado. Para Leo Szilard, los signos políticos eran ominosos. Estaba firmemente convencido —sobre todo después de la ocupación de Checoslovaquia— del interés del gobierno alemán en producir una bomba cuyo funcionamiento se basara en la fisión, así como de la capacidad de los científicos alemanes para construirla. Esa posibilidad no lo dejaba dormir y trató de convencer a otros emigrados como él sobre la necesidad de llamar la atención de esferas más altas de la administración estadounidense, que aquéllas con las que Fermi había logrado contacto.

Actualmente se suele pensar que el gobierno estadounidense de entonces contaba con varios emigrados geniales dispuestos a colaborar en la fabricación de un artefacto de fisión, pero esto es falso. En primer lugar, el criterio de los emigrados con respecto a la brutalidad nazi no era compartido por grandes masas de la población estadounidense, ni tampoco por la mayoría de los políticos en el gobierno. En segundo lugar, Europa estaba muy lejos, pero aún lo estaba más la politización de la sociedad estadounidense que por aquel entonces se daba a la búsqueda de satisfactores de sus necesidades, tanto reales como ficticias, propias de un país que quería hacer del consumismo su más preciada filosofía.

Aunque la imaginación de los científicos estadounidenses volaba tras el átomo y sus misterios, los que por fin estaban a punto de ser descifrados, la gran masa de población y los políticos vivían sin tener la menor idea de aquellas preocupaciones y mucho menos de compartirlas.

Consciente de la situación, Szilard buscó la colaboración de quienes más fácilmente podían apoyar su idea de sensibilizar al gobierno estadounidense. Fue así como se puso en contacto con Eugene Wigner, físico húngaro, también emigrado, quien trabajaba en la Universidad de Princeton. Szilard y Wigner coincidieron en creer que los nazis estarían muy pronto en condiciones de controlar la producción de uranio de las minas del Congo Belga. Recordaron entonces que Einstein era amigo personal de la reina madre, Isabel de Bélgica, con quien compartía su afición por la música de cámara.[16] Quisieron explorar la posibilidad de que, a través del mismo Einstein, la reina accediera a impedir, o por lo menos lo intentara, que los nazis utilizaran el uranio. Así, un día de junio visitaron al ilustre sabio que se encontraba de vacaciones en Nassau Point, en Long Island, disfrutando de su pequeño barco de vela, muy ajeno a preocupaciones acerca de las posibilidades y consecuencias de hacer explosiva una reacción nuclear.

Es interesante recordar que Einstein había mantenido serias discusiones con Niels Bohr acerca del modelo cuántico del átomo, por lo que la utilización práctica de la fisión le parecía muy cuestionable. Como se sabe, el campo de la física cuántica no era el de Einstein, aunque en dicha área los principios relativistas fueron en varias ocasiones confirmados.

Por lo tanto, insistamos sobre todo para aquellos lectores que

Einstein no participó en la construcción de la bomba, su participación se limitó a alertar al presidente de EE. UU. del peligro que entrañaba que los nazis fabricaran primero la letal arma. (Foto cortesía de la Universidad de Frankfurt.)

creen lo contrario, *Einstein no participó nunca en la investigación nuclear ni tuvo nada que ver*, directamente, *con el descubrimiento de la fisión* ni, posteriormente, *con su aprovechamiento*. No es, pues, Einstein, *el padre* de la bomba atómica, ni el abuelo, ni el tío, ni el primo. Simplemente no participó en las investigaciones que llevaron al descubrimiento y control de las reacciones nucleares.

Sin embargo, después de la visita de Szilard y Wigner, Einstein se comprometió a colaborar para conseguir que los nazis no de-sarrollaran un artefacto explosivo basado en la fisión. Porque, aunque a él no le convenciera el asunto, aceptaba la posibilidad de que aquéllos tuvieran razón y, como ellos, se asustaba al pensar lo que podría ocurrir si, después, de todo, Hitler llegaba a tener en sus manos un arma de tal naturaleza.

Szilard encontró más comprensión en Einstein que en Fermi, seguramente porque Einstein y Szilard conocían muy de cerca a los nazis y habían sido testigos de su brutalidad en mayor medida que el científico italiano. El proyecto de comunicarse con la reina Isabel de Bélgica no llegó a materializarse, porque poco después de la charla en Nassau, Szilard conoció a Alexander Sachs, importante político, consejero en asuntos económicos del presidente Roosevelt, quien se prestó a servir como intermediario.

Pero Sachs necesitaba el prestigio de Einstein para hacerse es-cuchar en asuntos científicos por Roosevelt, quien desconocía a Szilard, pero sí sabía, en cambio, quién era el autor de la teoría de la relatividad. Por esa razón, el 2 de agosto de 1939, Einstein recibió de nuevo la visita de Szilard, ahora acompañado por otro emigrado también húngaro, Edward Teller.

De esta visita nació la famoso carta, dirigida al presidente Ro-osevelt, con la que se trataba de atraer su atención e interés hacia la investigación atómica.

¿Fue en parte redactada por Einstein, o éste se limitó a firmar lo que había escrito Szilard? Las declaraciones de los personajes de este acontecimiento no coinciden.

Años más tarde, Szilard recordaba que Einstein dictó la carta a Teller; éste la escribió y después el mismo Szilard añadió otras ideas, llegando a componer dos cartas; Einstein decidió cuál de las dos convenía enviar al presidente. Por otro lado, según su biógrafa, Antonina Vallentin, Einstein se limitó a firmar la carta que le presentaron.[17]

Como quiera que sea, la motivación del sabio resulta clara: firmó la carta pensando que, de fabricarse aquel artefacto explosivo, se utilizaría sólo *en defensa* de Estados Unidos y sólo bajo *la necesidad extrema de hacerlo*. El bombardeo innecesario y cruel de las ciudades japonesas de Hiroshima y Nagasaki en agosto de 1945, le hicieron ver que había estado equivocado.

La famosa carta, fechada el 2 de agosto de 1939, fue entregada al presidente Roosevelt por Alexander Sachs, exactamente dos meses después. Mientras tanto, el lo. de septiembre se produjo la invasión alemana a Polonia y el 3 del mismo mes, la declaración de guerra de Inglaterra y Francia, es decir, el estallido de la segunda Guerra Mundial.

En Polonia, Alemania hizo un ensayo formal de su táctica de la *blitzkrieg*: envió 3,000 modernos carros blindados contra los 800 carros polacos acorazados, que ya resultaban anticuados. La brillante *estrategia* (de la que tanto se ha hablado) contó también con el apoyo de 1,650 aviones, no pocos de ellos contra enemigos tan "avezados" como las familias españolas que, un año antes, huían por las carreteras ante su ataque, durante la Guerra Civil. Los polacos no podían enfrentarse a los aparatos alemanes, con 900 aviones, la mayor parte de los cuales eran viejos.

Los veloces tanques alemanes y sus divisiones motorizadas encontraron heroica, pero inútil resistencia por parte de los escuadrones polacos de caballería, reliquias de la guerra de 1914. Prácticamente, bastaron 15 días para aplastar la resistencia al ataque alemán: el 27 de septiembre cayó Varsovia y el lo. de octubre se dio por terminada la fulminante invasión.

Era de esperarse pues, que el ánimo de Roosevelt estuviera *sensibilizado* cuando, el 2 de octubre, Alexander Sachs le entregara la carta firmada por Einstein. Este es el texto:

"2 de agosto de 1939

"F. D. Roosevelt
Presidente de Estados Unidos
Casa Blanca Washington, D. C.

"Señor:

"Recientes trabajos de E. Fermi y L. Szilard, que me han sido comunicados por escrito, me permiten suponer que el elemento uranio puede convertirse en una nueva e importante fuente de energía en un futuro inmediato.

Ciertos aspectos de la situación que se ha suscitado parecen reclamar la máxima atención y, si fuera necesario, una acción inmediata por parte de su Administración. Por ello, considero que es mi deber solicitar vuestra consideración con respecto a los siguientes hechos y recomendaciones:

"En el transcurso de los cuatro últimos meses se ha ido vislumbrando como probable —merced a los trabajos de Joliot, en Francia, así como los de Fermi y Szilard en América— el que pueda llegar a ser posible el desencadenar una reacción nuclear en cadena en una gran masa de uranio, mediante la cual se generarían enormes cantidades de energía y de nuevos elementos semejantes al radio.

Ahora parece casi indudable que esto pueda lograrse en un futuro inmediato.

"Este nuevo fenómeno también induciría a la construcción de bombas y es concebible —aunque mucho menos cierto— que podrían construirse nuevas bombas extraordinariamente potentes. Un sola bomba de esta clase, transportada por un buque y hecha estallar en un puerto, *podría muy bien destruir la totalidad de las instalaciones portuarias* y parte del territorio circundante. Sin embargo, es probable que tales bombas sean demasiado pesadas para su transporte aéreo.

"Estados Unidos posee sólo cantidades moderadas y yacimientos muy pobres de uranio. Existe algún yacimiento en Canadá y en la antigua Checoslovaquia, mientras que la más importante fuente de origen natural de uranio se encuentra en el Congo Bel-ga. En vista de esta situación, quizá consideréis adecuado mantener algún contacto permanente entre su Administración y el gru-po de físicos que trabaja sobre las reacciones en cadena en Estados Unidos. Una posible forma de lograrlo sería asignar esta misión a una persona que gozara de vuestra confianza y que quizá pudiera ejercer una actividad no oficial. Su cometido podría abarcar lo siguiente:

"*a)* Servir de enlace de los departamentos gubernamentales, mantenerlos informados de los nuevos avances conseguidos y adelantar recomendaciones para una intervención del Gobierno, prestando especial atención al problema de garantizar un suministro de mineral de uranio a Estados Unidos;

"*b)* Acelerar, dentro de los límites impuestos por el presupuesto de los laboratorios universitarios, los trabajos experimentales que en la actualidad se llevan a cabo; proporcionar fondos monetarios, si se precisaran, mediante su contacto con personas interesadas en contribuir a esta causa, y quizá también a obtener la cooperación de laboratorios industriales que dispusieran del equipo necesario.

"Creo que en la actualidad Alemania ha dejado de vender el uranio procedente de las minas de Checoslovaquia que ha conquistado. El que haya adoptado esta medida quizá pueda interpretarse por el hecho de que el hijo del subsecretario de Estado alemán, Von Weizsacker, está asociado al Instituto del Emperador Guillermo, de Berlín, en donde se repiten en la actualidad algunos de los trabajos estadounidenses sobre el uranio.

"Muy atentamente Albert Einstein."

El análisis de esta carta es muy interesante por varios motivos. En ella destaca la prudencia de los investigadores que quieren ser objetivos y no desatar la imaginación del presidente con respecto a lo que la bomba podría llegar a ser. Hoy sabemos que no vis-lumbraron la enorme potencia de la explosión: la bomba prácticamente destruyó una ciudad, no sólo sus instalaciones portuarias; sí se transportó en avión, en contra de lo que pensaban en aquel momento Einstein y Szilard. Pero lo importante está en determinar exactamente cuál fue el alcance de la misiva, una vez en manos de Roosevelt.

Se comprende que las preocupaciones del presidente se orientaban en otra dirección: los barcos, aviones, tanques, fusiles, granadas, ametralladoras y cañones debían ser prioridades. ¿Qué significado podía tener para él el término "reacción en cadena"? ¿Por qué iba a destinar los recursos que necesitaba utilizar en proyectos sin duda necesarios, a un trabajo teórico que apenas rebasaba su etapa experimental? Si físicos tan eminentes como Niels Bohr, o el mismo codescubridor de la fisión, Otto R. Frisch, no creían aún en la posibilidad de desatar una reacción en cadena, ¿por qué lo iba a aceptar Roosevelt? Constituye una buena prueba de su "instinto" político el que, finalmente, considerara que detrás de aquéllo, presentado tan acertadamente por Sachs, pudiera haber alguna posibilidad real.

La rueda de la historia siguió girando inexorablemente rumbo a Hiroshima y Nagasaki, cuando el presidente estadounidense mostró a su agregado militar, "Pa" Watson, la carta firmada por Albert Einstein y le dijo: "Pa, ¡tenemos que actuar!"

Pero una cosa es que un presidente se decida a actuar y otra, muy diferente, que pueda hacerlo con rapidez y efectividad. Después de esa decisión, pasaron *dos largos años* sin que se avanzara verdaderamente en la organización de un proyecto nuclear cuyo objetivo fuera la fabricación de bombas atómicas.

¡Dos largos años! ¿Cuál fue entonces la importancia de la carta de Einstein? Regresemos a una pregunta planteada anteriormente: ¿cuáles fueron las consecuencias inmediatas de la carta de Einstein? Y hagamos otra: ¿se puede seguir creyendo que el Proyecto Manhattan fue su consecuencia? Para responder a estas interrogantes, conviene asomarse a algunos datos.

El primero se refiere a los costos del Proyecto. Al respecto, Emilio Segré dice: "...desde un punto de vista financiero, los gastos fueron relativamente modestos: costó alrededor de tres mil millones de dólares".[18] ¿Gastos *modestos* de tres mil millones de dólares?, ¿qué sentido de lo *modesto* tiene Segré?

Todo se aclara cuando se investiga en qué se gastó esa cantidad. La realización del proyecto significó la movilización de una impresionante masa humana, cerca de 200 mil personas, entre investigadores, militares y técnicos industriales. No se trató tan sólo de la investigación de laboratorio, costosa de por sí, puesto que implicaba construir aparatos adecuados como el ciclotrón y la pila atómica, sino que fue necesario levantar fábricas; crear auténticas ciudades industriales; movilizar a expertos en metalurgia, ingeniería y química, a obreros especializados y, finalmente, a personal del ejército.

En el Proyecto Manhattan concurrieron muy diversos intereses, tan diversos como pueden ser los de investigadores de ciencia básica, los de poderosas industrias de frontera que buscan, y encuentran, su expansión en nuevos campos tecnológicos, como prometía serlo el de los reactores nucleares, y los de militares que creen que todo eso se hace con el exclusivo fin de disponer de nuevas armas que garanticen una posición hegemónica en los asuntos mundiales.

Muchos ingenieros de la compañía Du Pont, otros de la Union Carbide, instalaciones de la compañia Eastman, servicios de las corporaciones Kellex y Carbide and Carbon Chemicals, así como los laboratorios universitarios de Columbia, Berkeley y Chicago, participaron en el Proyecto. Como vemos, tomando en cuenta todo lo que se puso en movimiento, la cantidad de tres mil millones de dólares, sí es modesta.

¿Todo esto se derivó de la simple recomendación epistolar de un sabio? Creerlo sería tanto como pensar que el Amazonas debe su enorme caudal al primer arroyo que es su afluente. Ese es precisamente el caso. A la realización final del Proyecto Manhattan confluyó una cantidad impresionante de intereses de diferente origen; uno de ellos, probablemente de los más modestos, fue el representado por la *famosa carta de Einstein*.

La reacción de Roosevelt, más por los argumentos de Alexander Sachs que por el nombre de Einstein al pie de la carta, tuvo como resultado una aportación inicial de 6,000 dólares, ¡única cantidad concedida entre el lo. de noviembre de 1939 y el 31 de octubre de

1940!; además, ¡fue sustraída de los presupuestos del ejército y de la armada!

Está claro que el efecto de dicha carta estuvo muy lejos de ser decisivo. Lo decisivo estuvo en los *otros hechos que fueron ocurriendo* entre 1939 y 1943, en la afluencia posterior y paulatina de poderosos intereses.

En realidad, el llamamiento de Einstein o, mejor dicho, de Szilard apoyado por Einstein fue, si se considera aisladamente, un fracaso en términos prácticos con relación a sus propósitos iniciales. Así lo considera Arthur H. Compton, quien estuvo muy cerca de quienes decidieron al respecto:

"El fracaso del llamamiento de Einstein y sus colaboradores se debió a que el gobierno de Estados Unidos no se daba cuenta de que la investigación en los nuevos campos de la ciencia constituía un recurso significativo de poderío nacional."[19] Es evidente que el gobierno estadounidense no se daba cuenta, pero también lo es el hecho de que tampoco otras personas, ni otros grupos, se percataban de ello.

A medida que se fueron dando a conocer los resultados de las investigaciones se creó el interés, primero en el terreno de la investigación básica y, después, en el de las posibles aplicaciones, hasta despertarse el de las grandes industrias.

¿Pero en algún caso ocurre de otra manera? Lo mismo se puede decir de los motivos que hicieron asumir la decisión política del gobierno de coordinar el trabajo para definir las consecuencias militares del asunto.

Fue necesario que la nación entrara en la guerra para crear el interés e, incluso, la conveniencia de desarrollar el Proyecto Manhattan con fines militares y políticos. Lo importante es que no sólo se despertaron esos intereses militares y políticos; fue inevitable que despertaran también los industriales y los económicos *y de toda esta acumulación de intereses* surgió en su plenitud el Proyecto Manhattan.

En cierto momento de su historia parecía que sólo se nutría de los intereses político y militar (lo que ocurrió de 1943 a 1944), pero a partir de ese año, los acontecimientos provocaron contradicciones entre aquéllos y los intereses meramente científicos y tecnológicos, que empezaron a adquirir fuerza propia.

¿Cómo ocurrieron las cosas? ¿Cómo se llegó finalmente a darle forma al Proyecto?

4

Se gesta el Proyecto Manhattan

El Comité de Investigaciones para la Defensa Nacional

 En el proyecto de los mil años de dominio nazi que Hitler pensaba regalar a la Humanidad, los seres humanos se clasificaban en dos categorías: amos y esclavos. ¿Es necesario aclarar quiénes serían los "amos"? En cambio, es interesante analizar quiénes podían haber sido los esclavos. Es indudable que para Hitler la principal fuente de esclavos era la URSS, hoy Comunidad de Estados Independientes Pero Alemania no podía invadir a los soviéticos sin antes asegurar la pasividad del resto de Europa; esta consideración fue

la que determinó su estrategia política y el orden de sus agresiones y conquistas.

Después de la anexión de Austria y de la ocupación de Checoslovaquia, el régimen nazi descubrió, sorprendido, que Inglaterra y Francia, las dos potencias que podían enfrentársele, aparentemente le *temían* o, lo que es equivalente, temían la guerra. Aunque no con suficiente rapidez, la agresión a Polonia fue la que puso en movimiento a esos países europeos.

Mediante políticas, ganando tiempo y mintiendo al asegurar que no pensaba en nuevas "reivindicaciones", Hitler y el Estado Mayor del ejército alemán desarrollaron nuevos planes de conquista, que a finales de 1939 estaban listos. La maquinaria bélica nazi se puso en movimiento el 9 de abril de 1940: se lanzó primero contra la indefensa Dinamarca, ocupada prácticamente sin lucha, y después contra Noruega, que ofreció dura resistencia durante dos meses.

La ocupación de Dinamarca fue "pacífica" y el respeto a las instituciones y autoridades civiles permitió que Niels Bohr siguiera trabajando en Copenhague, aunque más tarde también tendría que huir rumbo a Inglaterra.

Una vez asegurados los países nórdicos, la *Wehrmacht* pudo dedicarse tranquilamente a disfrutar del bocado: el 10 de mayo invadía Holanda, Bélgica y Luxemburgo, antes de que los ejércitos holandés y belga pudieran ser movilizados y, cinco días después, el 15 de mayo, mientras Holanda se rendía, los tanques alemanes, rodeando un extremo de la famosa e inútil "Línea Maginot", copaban al ejército francés y se dirigían rumbo a París. Mientras Francia sucumbía y el cuerpo expedicionario inglés se enfrentaba a la posibilidad de su aniquilación, el 28 de mayo de 1940, Bélgica capituló. En Dunkerque, parece ser que el ímpetu alemán decreció y permitió que los ingleses rescataran equipo y hombres.

¿Esto se debió a la energía desplegada por los soldados que trataban de huir o fue una táctica deliberada de Hitler, para tener una carta posterior de diálogo frente a los ingleses?

No lo sabemos: el caso es que, cuando el 4 de junio cayó Dunkerque, la mayor parte de la fuerza inglesa estaba a salvo. La conquista siguió su curso: París cayó el 14 de junio y el 22 de ese mismo mes Francia capituló. En el curso de sólo tres meses, Alemania había conquistado casi toda Europa.

Sus aliados italianos no se habían movilizado tan rápidamente; sólo lo suficiente para colocarse a tiempo del lado del vencedor y pretender así parte del botín.

Italia entró en la guerra el 10 de junio de 1940, pero la jugada le salió bastante mal pues nunca dejó de ser peón manipulado al antojo de su patrón: el amo alemán.

Todos estos acontecimientos eran seguidos con interés y preocupación en Estados Unidos. Entre los preocupados se encontraban distinguidos académicos, directores y administradores de varias universidades; precisamente aquéllos que tenían la posibilidad de desarrollar un proyecto ambicioso de colaboración técnica con su gobierno.

Entre ellos se encontraban personas con la imagen perfecta para ser tomadas en cuenta por el gobierno, como Vannevar Bush, presidente del Instituto Carnegie de Washington, oportunamente cercano a la Casa Blanca; Karl T. Compton, presidente del Massachussetts Institute of Technology (MIT) y hermano de Arthur H. Compton, y James B. Conant, de la Universidad de Harvard.

Pero también científicos como Ernest O. Lawrence, creador del ciclotrón, y Arthur H. Compton, Premio Nobel de Física y quien tenía un hijo en edad de ingresar al ejército; se preocupaban por la guerra, pensando que en cualquier momento Estados Unidos podía entrar en la misma.

Fue hasta octubre de 1939 cuando el presidente estadounidense F. D. Roosevelt encargó a su ayudante, el brigadier general Edwin M. Watson, que actuara con respecto a las propiedades del uranio. Una de las primeras acciones de Watson fue organizar un comité presidido por el director del Departamento Nacional de Normas, el doctor Lyman J. Briggs, a quien se le asignó una cantidad de 6,000 dólares para estudiar el asunto.

Diez días después de haberse formado el comité, se reunían Briggs, Sachs, Szilard, Teller y Wigner y el lo. de noviembre de 1939 presentaban un informe a la Presidencia en el que se indicaba que las aplicaciones militares del uranio debían ser consideradas como "posibles".

El tono cauteloso del informe impedía que las autoridades militares se entusiasmaran con él, ¿cómo lo iba a hacer un político tan

Edward Teller participó activamente en el comité que asesoraba al presidente Roosevelt sobre la conveniencia de desarrollar la bomba atómica. (Foto cortesía de la Universidad de Frankfurt.)

agudo como Roosevelt? Por eso se avanzó tan despacio. La urgencia se presentó sólo en la medida en que se complicó la situación internacional y se acumularon los resultados de las investigaciones. Fueron los mismos hombres del sistema, los estadounidenses, quienes aceleraron el ritmo de las acciones, y lo hicieron sólo cuando los acontecimientos se impusieron.

En junio de 1940, Vannevar Bush, convencido de que la guerra podía envolver a Estados Unidos, dio los primeros pasos para reorganizar el Comité Briggs y transformarlo en un organismo de auténtico apoyo al gobierno, con la participación de las universidades. Comisionado por el gobierno, Bush formó un nuevo comité, supervisor de las funciones del de Briggs.

Al nuevo comité, denominado Comité de Investigaciones para la Defensa Nacional, *National Defense Research Committee* (NDRC), fue integrado por James B. Conant, Karl T. Compton, Richard C. Tolman, decano de la Escuela de Graduados del Instituto Tecnológico de California (CIT), C. P. Col, comisionado de patentes, el brigadier general G. V. Strong y el contraalmirante H. G. Bowen,[20] presididos todos ellos por el mismo Vannevar Bush.

Como vemos, no fueron las cartas de Einstein del 2 de agosto de 1939 y de marzo de 1940 las que empezaron a dar forma a un proyecto científico-militar que aún no tenía nombre; fue la inteligencia universitaria estadounidense aliada al ejército y a la marina de ese país.

En junio de 1940, Vannevar Bush consiguió un nuevo apoyo económico de 20,000 dólares para el proyecto, cuando nadie había pasado de considerar teóricamente la posibilidad de producir una reacción en cadena explosiva. Pero ninguna de las preguntas que planteaba su realización práctica había encontrado respuesta:

¿Qué sustancia, y en qué cantidad se necesitaba? ¿Cómo y dónde conseguirla? Nada se sabía, todo se debía investigar.

No es lo mismo cobre, que "cobre sincero para Dios"

En Inglaterra, Hans, Von Halban y Lev Kovarski —que después de una larga aventura habían conseguido llevar casi toda el agua pesada que había en Europa, de París a Londres— demostraron a sus colegas británicos y a otros emigrados radicados en Inglaterra (como Otto R. Frisch) que con uranio y agua pesada se podía lograr una reacción en cadena. Halban y Kovarski llegaron a Inglaterra el 22 de junio de 1940. El NDRC se constituyó oficialmente el 27 de junio.[21] Un poco antes, en la primavera de ese año, se había producido un hecho trascendental: *la obtención del primer elemento transuránico.* E. M. McMillan, investigador de la Universidad de California, en Berkeley, se propuso medir las energías de los dos fragmentos principales de la fisión del uranio inducida por neutrones. Para obtener los neutrones usó el poderoso ciclotrón de seis pulgadas del Laboratorio de Radiación Crocker de Berkeley, diseñado y construido por Ernest O. Lawrence, director de ese Laboratorio. McMillan colocó al final del acelerador una fina capa de óxido de uranio en un trozo de papel y después apiló otras hojas de papel muy fino (del que se usaba entonces para hacer cigarrillos) para detener y recoger los fragmentos de la fisión. Al hacerlo, se percató de la existencia de un producto radiactivo que quedaba unido a la capa de uranio, distinto a los productos conocidos de la fisión, que quedaban adheridos a otros papeles.

Con la sospecha de que se trataba de un nuevo elemento, formado por la captura de un neutrón por parte del isótopo 238 de uranio, McMillan —en colaboración con P. A. Abelson, quien se había unido a la investigación— procedió a realizar análisis cuidadosos. Finalmente, demostraron que el uranio 238 de número atómico 92, capturaba un neutrón, formando un nuevo isótopo, el uranio 239, que por desintegración β se transformaba en un elemento de número atómico 93. El orden de sucesión de los planetas del Sistema Solar inspiró el nombre del nuevo elemento: le llamaron neptunio.

$$_{92}U^{238} + {}_0n^1 \longrightarrow {}_{92}U^{239} + \gamma \text{ (radiación gamma)}$$

$$_{92}U^{239} \longrightarrow {}_e\beta^0 + {}_{93}Np^{239}$$

$$T_{1/2} = 23.5 \text{ min.}$$

La vida nedia o periodo de semidesintegración del uranio 239 era de 23 minutos y medio, pero sobre el neptunio no se sabía nada. Fue necesario acumular suficiente cantidad para poder estudiarlo, labor que corresponde mucho más a los químicos que a los físicos. Sin embargo, usando técnicas de "rastreo" se tuvieron los primeros indicios de que el neptunio se parecía más al uranio que al renio, lo que podía significar que se estaba frente a una nueva serie de elementos de transición. Esto se confirmaría más tarde.

Pero el año aún no terminaba, el 14 de diciembre de 1940, el equipo de Berkeley, integrado por Glenn T. Seaborg, E. M. Mc-Millan, J. W. Kennedy y A. C. Wahl, bombardeó uranio 238 con deuterones acelerados en el ciclotrón. ¿El resultado? La obtención de un isótopo del neptunio, el neptunio 238 que, por desintegración β, se transformaba en *otro elemento*. Este iba a ser el elemento químico mejor estudiado de nuestra época, pero entonces eso se desconocía. Con base en el modelo empleado para nombrar al neptunio, aquél fue bautizado como *plutonio*.

$$_{92}U^{238} + {}_1H^2 \longrightarrow {}_{93}Np^{238} + {}_02n^1$$

$$_{93}Np^{238} \longrightarrow {}_{e}\beta + {}_{94}Pu^{238}$$

$$T_{1/2} = 2.10 \text{ días}$$

Como vemos, fue el equipo estadounidense el que realizó estos importantes descubrimientos. El periodo de semidesintegración del neptunio 238 resultó ser de 2.10 días. El neptunio 239 también era emisor de radiación β y, en consecuencia, del plutonio podía obtenerse *otro isótopo:* el plutonio 239. El descubrimiento de que el uranio 235 se fisionaba por la acción de neutrones lentos, mientras que el 238 lo hacía por la de neutrones rápidos, llevó a pensar que con el plutonio podía ocurrir lo mismo: ¿se fisionaría el isótopo de número par 238 con neutrones rápidos y el de número impar, 239, con lentos? Esto llevaba a nuevas investigaciones y, lo más importante, a la ampliación del presupuesto.

Mientras tanto, Emilio Segré y Enrico Fermi hacían conjeturas: si se lograba la fisión del plutonio 239, la fabricación de una bomba nuclear se hacía factible, dado que se podía usar el isótopo más abundante del uranio como punto de partida de todo el proceso.[22]

En la primavera de 1941, Segré se había unido al equipo de Seaborg y pudo contribuir a la investigación realizada en Berkeley.

Con el ciclotrón del laboratorio Crocker, Glenn T. Seaborg, J. W. Kennedy, Emilio Segré y Arthur C. Wahl consiguieron por fin obtener, aislar e identificar el plutonio 239.

$$_{92}U^{238} + {}_{0}n^{1} \longrightarrow {}_{92}U^{239} + \gamma$$

$$_{92}U^{239} \longrightarrow {}_{93}Np^{239} + {}_{e}\beta^{0}$$

$$T_{1/2} = 23.5 \text{ m}$$

$$_{93}\text{Np}^{239} \longrightarrow {}_{94}\text{Pu}^{239} + {}_{e}\beta^{0} \quad \text{(radiación } \textit{beta}\text{)}$$

$$T_{1/2} = 2.35 \text{ días}$$

El nuevo elemento, plutonio 239, tenía un periodo de semidesintegración de 24,360 años, es decir, se podía acumular en cantidad suficiente para usarse como explosivo. Además, a medida que el uranio 238 se transformaba en 239, para luego dar neptunio y finalmente plutonio 239, quedaba separado el isótopo del uranio 235, que se había mezclado con el 238. Se había descubierto cómo obtener *dos sustancias fisionables*: el uranio 235 y el plutonio 239. Todo era tan importante que surgió la necesidad de mantenerlo en secreto.

Al principio, el neptunio y el plutonio eran designados como elementos "93" y "94", respectivamente, pero más tarde al plutonio se le asignó el nombre clave de "cobre", mientras el verdadero cobre pasaba a ser, para quienes compartían el secreto, "cobre sincero para Dios".[23]

Las voces que sí fueron escuchadas

Vannevar Bush, enterado de los descubrimientos, acudió a la Academia Nacional de Ciencias para decidir si se tomaban medidas más urgentes. En abril de 1941, durante una sesión de la Academia, se pidió a Arthur H. Compton que aceptara presidir una comisión destinada a revisar los trabajos sobre el uranio y hacer recomendaciones acerca de su valor militar.

En su primer informe, la Comisión Compton explicó que si bien era posible utilizar el uranio para fabricar bombas poderosas, éstas *no se podían fabricar antes de 1945*. Al mismo tiempo, la Comisión advertía la posibilidad de aprovechar la fisión como fuente de energía de otros aparatos tales como los reactores de uranio-carbón o de uranio-agua pesada. Desde ese momento, Arthur H. Compton quedó involucrado en los acontecimientos.

También Ernest O. Lawrence intervino de manera decisiva al sugerir, en una carta dirigida al Comité de Investigaciones para la Defensa Nacional, que si se actuaba a tiempo y se acumulaban grandes cantidades de plutonio, era posible hacer una superbomba.[24] Todo esto movilizó la opinión en favor de la fabricación de las bombas; pero, por si fuera poco, en aquellos días llegó a Estados Unidos el científico inglés Mark Oliphant con la noticia de que la cantidad necesaria de uranio 235 para provocar una reacción en cadena era mucho más pequeña que la calculada hasta entonces por los estadounidenses.

En octubre, Arthur H. Compton citó al Comité de la Academia Nacional de Ciencias a una reunión en Cambridge, Massachusetts: en presencia de ingenieros de la General Electric, la Westinghouse

Company y la Bell Telephone, se discutieron los aspectos prácticos del Proyecto.

De ahí surgió la primera apreciación aproximada en tiempos y costos: entre tres y cinco años y una cantidad superior a los mil millones de dólares; también se realizó un informe bien documentado, solicitado por Vannevar Bush, para llegar a una actitud definitiva de apoyo o rechazo con respecto a la fabricación de las bombas. El informe fue entregado por Compton a Bush el 6 de noviembre de 1941 y remitido inmediatamente a Roosevelt.[25] Pero este último no lo leyó en la soledad de sus habitaciones; otro comité estaba preparado para considerar el informe.

El propio presidente Roosevelt, el vicepresidente Henry A. Wallace, el secretario de Guerra Henry L. Stimson, el jefe del Estado mayor George C. Marshall, el nuevo presidente del Comité de Investigaciones para la Defensa Nacional y Vannevar Bush, director de la recién creada Oficina de Investigación y Desarrollo Científico, la OSRD, integraron el nuevo Comité. ¡Ellos fueron los que sí influyeron *decisivamente* para que el gobierno estadounidense comenzara la fabricación de las bombas atómicas, no Albert Einstein, ni Leo Szilard!

Arthur H. Compton, amigo personal del vicepresidente Wallace, le dijo a éste: "Por favor, denle a este informe la atención más cuidadosa. Es muy posible que nuestra actitud hacia ese problema constituya la diferencia entre ganar o perder la guerra."[26] Esto lo dijo Compton en noviembre de 1941, cuando Estados Unidos *aún no entraba en la conflagración.* Bush transmitió la respuesta del presidente a Compton, en presencia de Conant, Briggs y Lawrence, el 6 de diciembre de 1941. Se les pidió formar un nuevo comité, llamado S-1, con el fin de demostrar, en el término de seis meses, si era posible la fabricación de las superbombas. De ser favorable el juicio, *todos los fondos que pudiera destinar la nación* se usarían en el Proyecto. Un día después, el 7 de diciembre de 1941, los japoneses atacaron Pearl Harbor y Estados Unidos declaró la guerra a Japón. Alemania, que había invadido la URSS el 22 de junio de ese mismo año, tuvo, no con agrado, que seguir a su aliado japonés y declarar la guerra a Estados Unidos. Ahora sí, la guerra era *mundial*, y afectaba a todos los continentes y a la mayor parte de los países.

Esto aceleró las cosas. Arthur H. Compton quedó a cargo de todo el trabajo científico relacionado con la reacción en cadena y con la construcción de lo que Fermi no llamaba reactor, sino *pila*. Fermi trabajaba en el desarrollo del aparato en la Universidad de Columbia, pero como Compton era profesor de física en la Universidad de Chicago, esta ciudad fue la sede de la investigación y, a mediados de enero de 1942, Fermi se trasladó a ella.

En Chicago, el lugar donde se construyó y desarrolló la primera *pila* atómica de la historia, fue el llamado *Laboratorio Metalúrgico*, denominado así para despistar al público.

Siguiendo las sugerencias de Vannevar Bush, se decidió que dada la magnitud de la empresa se requería la intervención directa del ejército. Fue así como en junio de 1942, el Proyecto pasó a ser coordinado por el ejército, pero aún se tardaron unos meses en encontrar un director general. Ese puesto fue ocupado, el 17 de diciembre de 1942, por el general Leslie Richard Groves, de 46 años de edad.

5

Nace, crece y se desarrolla

Los primeros pasos

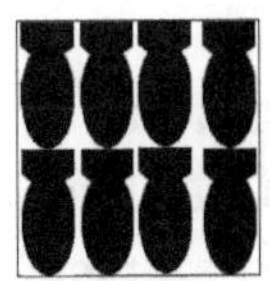

"La tarea de producir plutonio 239 y uranio 235, así como la de fabricar armas atómicas fue asignada al *U. S. Corps of Engineers* en junio de 1942"[27]; es decir, desde ese momento, el ejército estadounidense se hizo cargo del hasta entonces llamado proyecto del uranio.

¿Cómo se llegó a esa situación, cuáles acciones y de qué tipo era necesario coordinar en forma integral? En diciembre de 1941, la producción de uranio en Estados Unidos era muy escasa y costosa. Compton indica que algunos años antes él lo había com-

75

prado a cerca de 20 dólares el gramo para construir un medidor de radiación cósmica. Por lo tanto, el problema estaba bien definido: se necesitaba una fuente importante de mineral de uranio, que garantizara las cantidades necesarias para los trabajos experimentales y para extraer suficiente óxido de uranio, uranio 235 y plutonio 238 con qué tratar de fabricar una o varias bombas; además, se debían desarrollar rápidamente procesos industriales de separación de los isótopos de uranio.

La primera parte del problema —conseguir la materia prima, la cantidad suficiente de uranio— se resolvió en una doble vertiente. Algunos centenares de toneladas de óxido de uranio se encontraban "a la mano", en Port Hope, Canadá, procedentes de una mina llamada "El Dorado", situada a orillas del lago Creat Bear.[28] Pero esa cantidad no bastaba para alimentar el proyecto.

La solución final fue inesperada. Se sabía que los depósitos más importantes de uranio se encontraban en Checoslovaquia, en el Congo Belga y en Colorado, Estados Unidos. Las minas checas eran controladas por Alemania, las de Colorado estaban en "casa" pero eran insuficientes; ¿cómo aprovechar entonces el uranio africano?

Por lo pronto, se empezó a trabajar con lo que se tenía y Arthur H. Compton avanzó en la solución de la segunda parte del problema: transformar a escala industrial el mineral de uranio en óxido de uranio. Para lograrlo, consiguió la participación de la Westinghause Company, que en breve proporcionó tres toneladas de uranio metálico, a partir de las disoluciones de uranio que, en su planta de Bloomfield, Nueva Jersey, se usaban en la elaboración de productos eléctricos; después, incorporó a un grupo de químicos, entre los cuales se encontraba Glenn T. Seaborg, a la investigación de procesos de aislamiento y purificación de materiales y además convenció a Edward Mallinckrodt Jr., dueño de una pequeña fábrica de éter, con una notable disposición de control y seguridad, de usar sus instalaciones en la purificación de grandes cantidades de uranio a través de la disolución de su nitrato de éter.

Cuando se habían llevado a cabo esas acciones, el 17 de junio llegaron a manos de Roosevelt las recomendaciones de Conant y Bush, aprobadas por el vicepresidente Wallace, el secretario de Guerra, Stimson, y el jefe del Estado Mayor, general Marshall. Inmediatamente, el presidente dictó órdenes al general William D. Styer: "Inicie las acciones necesarias", decía escuetamente el texto, pero quería decir: ¡Hagan las bombas atómicas!, ¡y rápido! Fue entonces cuando el gobierno estadounidense se comprometió de manera decidida y dejó a cargo del ejército la realización del proyecto.

Antes de nombrar director a Leslie R. Groves, se pidió al coronel K. D. Nichols que resolvieran el problema del suministro del material, sin saber que Arthur H. Compton había hecho ya algunas gestiones.

Para empezar, Nichols solicitó una fuerte cantidad, diez millones de dólares, para adquirir el mineral, que debería estar a su disposición a partir del 1o. de julio.

Con la información de Compton, Nichols firmó un contrato con Mallinckrodt para que su fábrica procesara las primeras 60 toneladas de uranio. Pronto se percató de que los yacimientos africanos podrían ser la solución a las necesidades, que ya se calculaban mucho mayores, y acudió a las oficinas de las minas de Katanga, en Nueva York, encontrándose con que el director de la empresa estaba en esa ciudad y no en África, como se suponía.

Pero si se sorprendió por la afortunada circunstancia, mayor fue su sorpresa al descubrir que 1,200 toneladas de concentrados de mineral de uranio molido se encontraban a bordo de un barco

¡anclado en ese momento en el mismo puerto de Nueva York!

¿Cómo había llegado al país el valioso cargamento? Edgar Sengier, director de las minas de Katanga, en el Congo Belga, respondió a Compton, contándole cómo, al percatarse de la importancia estratégica que adquiría el uranio, dispuso que las 1,200 toneladas del concentrado de mineral que tenían almacenadas se trasladaran lejos del alcance alemán, para lo cual ordenó que el barco se dirigiera a Estados Unidos.[29] Y ahí estaba el uranio, esperando, un año antes de la visita de Nichols, que alguien se interesara por él. En septiembre de 1942, la situación se había tornado tan compleja, con tantas rutas de acción abiertas, que el ejército decidió estructurar a fondo todo el proyecto. Así, el 17 de septiembre se nombró a Groves director del que, a partir de entonces, tendría el nombre en clave de *Manhattan District*, es decir, Proyecto Manhattan.

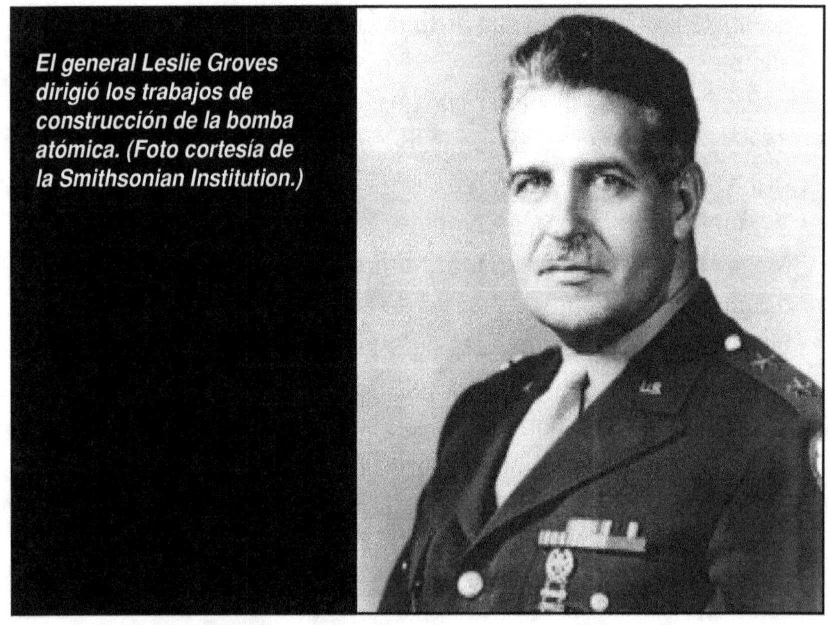

El general Leslie Groves dirigió los trabajos de construcción de la bomba atómica. (Foto cortesía de la Smithsonian Institution.)

Una de las primeras acciones de Groves fue designar al coronel K. D. Nichols y al general T. Farrel, como sus colaboradores. Haciendo gala de su capacidad de trabajo, buscó rápidamente terrenos para levantar las instalaciones necesarias: en Argonne Forest, cerca de Chicago, se ubicó el Laboratorio Metalúrgico; en Oak Ridge, Tennessee, se levantaban las destinadas a la separación de isótopos del uranio; en Los Álamos, Nuevo México, en un lugar casi desierto, se construyó una ciudad que llegó a albergar hasta seis mil personas incorporadas a la labor del diseño y montaje de las bombas y, finalmente, en Hanford, sobre el río Columbia, en el estado de Washington, se desarrollaría la planta de obtención de plutonio.

El desembarco del navegante italiano

A lo largo de 1943 se construyeron los edificios y se contrató a los científicos y a los técnicos. Pero el primer éxito históricamente significativo ocurrió el 2 de diciembre de 1942, cuando Fermi, instalado debajo de las tribunas del lado oeste del Stagg Field, el estadio de la Universidad de Chicago, realizó su primera prueba experimental con la pila atómica, felizmente diseñada y construida bajo su dirección.

Por supuesto, con la fabricación del reactor nuclear, cristalizaron las ideas y teorías de muchísimas personas más, en cuyas aportaciones previas Fermi apoyó su trabajo personal. Pero esto no quita mérito a la inteligencia de Fermi, simplemente la sitúa en su realidad de ser social, que interactúa con otros seres husmanos y depende de ellos.

En este trabajo Fermi no estuvo solo; entre sus colaboradores estaban: H. L. Anderson, W. Zinn, L. Marshall, A. Wattenberg, B. T. Feld, E. Wigner, V. Wilson y muchos más.

La supervisión oficial de los trabajos del Laboratorio Metalúrgico había sido encomendada a Arthur H. Compton, enlace clave con las altas esferas del gobierno. Inmediatamente después de comprobar personalmente cómo se podía liberar o frenar a voluntad la energía nuclear, Compton llamó por teléfono a James B. Conant, presidente del Comité de Investigaciones para la Defensa Nacional, y le dijo: "Jim, el navegante italiano ha desembarcado en el Nuevo Mundo."[30]

Aventuras de dos científicos y desventuras de algunos agentes

Fue Arthur H. Compton quien se relacionó inicialmente con uno de los personajes que más destacarían en el Proyecto: Robert Oppenheimer. En 1942, Compton lo invitó a presidir el diseño de las armas atómicas y cuando Groves, a su vez, nombró a Oppenheimer director de Los Álamos, ya se tenían los cálculos preliminares y los planos del diseño de la bomba.[31]

A partir de ese momento, se incorporaron al proyecto los muchos científicos extranjeros notables que aún participaban; entre ellos, Szilard, Franck, Teller y Weisskopf, que vivían en Estados Unidos, y más tarde, Otto R. Frisch, invitado por conducto de Chadwick, en Inglaterra, así como Niels Bohr.

Detengámonos un momento a considerar dos casos especiales: el de James Franck y el de Niels Bohr. Franck, de origen judío y Premio Nobel en 1926, hizo planes para abandonar Alemania en

1933. Cuenta el periodista Michael Amrine,[32] que aquél se puso de acuerdo con otro galardonado con el Nobel, Max Von Laue, y ambos enviaron sus medallas a un amigo que vivía en Dinamarca, para evitar —en caso de ser sorprendidos— llevarlas encima.

Franck, con toda su familia, llegó a salvo a Estados Unidos, donde pronto, gracias a Karl T. Compton, encontró trabajo en el MIT. Basado en su gran capacidad, Compton propuso a Franck como coordinador del grupo de químicos que iban a incorporarse al Laboratorio Metalúrgico de Chicago, y aún sin que Frank hubiera resuelto su naturalización estadounidense, fue aceptado por el coronel Nichols para ocupar el puesto. Éste y Fermi son los únicos casos de extranjeros incorporados con absoluta confianza por las autoridades estadounidenses, para hacerse cargo de responsabilidades de muy alto nivel dentro del Proyecto. Cuando los nazis ocuparon Dinamarca, el químico amigo de Franck y de Von Laue, preocupado de ser sorprendido con las medallas Nobel, decidió esconderlas.

Pero ningún lugar le pareció suficientemente seguro, por lo que, químico al fin, decidió disolverlas con agua regia ¡y guardó las disoluciones en dos frascos! Podemos imaginar cómo llegó la noticia a Franck: "Tu medalla está a salvo disuelta en ácido, tú tranquilo, no pasa nada."

Al terminar la guerra, la Fundación Nobel tuvo un bello gesto: recuperó el oro disuelto en la botella, prensó por segunda vez la medalla y la entregó de nuevo, limpia y reluciente, a Franck, quien pasó a ser así el único hombre que ha recibido dos veces una medalla Nobel.

Si bien en 1942 James Franck ingresó con entusiasmo al Proyecto Manhattan, lo hizo —igual que Leo Szilard— convencido de que así ayudaba a combatir a los nazis. Esto se demostró cuando, apoyado por Szilard, trató de evitar el uso de la bomba atómica contra la población japonesa.

Niels Bohr llegó a Estados Unidos en 1943, a incorporarse al Proyecto Manhattan. Desde el 9 de abril de 1940, Dinamarca estaba ocupada. Respetando en apariencia la organización política del país, los nazis acentuaron poco a poco su control. Bohr decidió quedarse para proteger con su influencia, derivada de su prestigio, a los científicos no arios de su Instituto. En 1941, Bohr recibió la visita de Werner Heisenberg, quien le sugirió la posibilidad de un acuerdo entre ellos para evitar, tanto en Estados Unidos como en Alemania, la elaboración de armas atómicas.[33] Pero Bohr desconfió de Heisenberg y no quiso llegar a ningún acuerdo.

En 1943 las fáciles victorias nazis fueron sustituidas por sus primeras y graves derrotas. A lo largo del año, la guerra se desarrolló en forma preponderante en el frente oriental, donde los soviéticos, al frenar el avance alemán, consiguieron pasar a la ofensiva. La primera derrota catastrófica de los alemanes ocurrió en Stalingrado, donde el 31 de enero de 1943 se rindieron a los soviéticos más de cien mil alemanes. El 5 de julio, el Alto Mando alemán ordenó el avance hacia Kursk, pero a partir del 12 de ese mes los soldados alemanes fueron detenidos y empujados hacia atrás.

En el norte de África las fuerzas alemanas fueron eliminadas el 13 de mayo, al quedar Túnez en manos aliadas; en el Atlántico, la guerra naval se inclinaba decididamente en favor de los británicos, apoyados fuertemente por los estadounidenses, y en el Pacífico, desde la batalla del *Midway*, librada del 4 al 7 de junio de 1942, los japoneses se batían en retirada.

Todo esto explica por qué cambió la actitud de los alemanes en los territorios que ocupaban al norte de Europa. En Dinamarca, del trato suave que pretendía ser cortés, se pasó a uno más duro y expresamente dominante. Fue entonces cuando Bohr decidió huir de Copenhague: cruzó el estrecho de noche en un pequeño bote, llegó a Suecia y, de ahí, en un avión de los llamados "mosquito", se trasladó a Inglaterra, viajando justo encima de la puerta de lanzamiento de bombas, porque el piloto pensó que, de ser sorprendido por un caza alemán, le sería más fácil dejarlo caer al mar. Para evitar esa posibilidad, el piloto se elevó a gran altura y, como Bohr no se percató de la advertencia que se le hizo para que usara la mascarilla de oxígeno, se desmayó, afortunadamente, sin consecuencias.[34]

En Inglaterra, Bohr trató de incorporarse al grupo de investigadores del átomo y de influir en Churchill para que esos trabajos se intensificaran y se hicieran públicos, pero sólo consiguió despertar la desconfianza del primer ministro, quien llegó a pensar que Bohr era un espía al servicio de los alemanes. Esa "calurosa" bienvenida convenció a Bohr de seguir su viaje a Estados Unidos, donde requerían su presencia secreta, para lo cual le dieron instrucciones de cambiar su nombre por el de Nicholas Baker.

"A todos nos encantó la historia de su llegada a Estados Unidos: dos hombres del FBI se encargaron de sus maletas y las de su hijo; los acompañaron hasta la misma habitación del hotel, donde se dejaron caer con un suspiro de alivio por haber conseguido ocultar su identidad. Fue entonces cuando uno de ellos vio que en una de las maletas estaba escrito con letras grandes un nombre: NIELS BOHR."[35]

Pero no sólo dos agentes cuidaban a Bohr. De Inglaterra llegaron con él otros dos, del Servicio Secreto inglés, y en Estados Unidos contó con dos agentes especiales del Proyecto Manhattan; así, "Nicholas Baker" tenía un total de seis agentes que sudaban frío detrás de él cuando cruzaba las calles de Nueva York, ¡precisamente por los lugares prohibidos a los peatones![36]

Ser o no ser, ¡ése era el dilema!

La sospecha de Bohr sobre los avances del proyecto alemán catalizó la inclinación de sus colegas europeos en favor de fabricar con urgencia la bomba.

En 1943, Arthur H. Compton, responsable de los aspectos científico y tecnológico del proyecto —así como Groves lo era de la organización y desempeño generales— sumó la experiencia de Fermi en la pila, con los procedimientos químicos descubiertos en escala ultramicroquímica por el grupo de Seaborg y con las aportaciones tecnológicas de la compañía Du Pont y consiguió la obtención, a escala industrial, del plutonio en la planta de Hanford. La escasa población de este pueblo aumentó explosivamente hasta llegar a los 55 mil habitantes, para los que se construyeron casas, restaurantes y escuelas que, tres años después de la guerra, desaparecieron.

El 8 de diciembre de 1943 se contaba ya con suficiente uranio 235; la producción de plutonio se había iniciado satisfactoriamente y el equipo de Los Álamos trabajaba a todo vapor.[37]

A lo largo de 1944, mientras en Oak Ridge obtenían y acumulaban uranio 235 y en Hanford, unos cuantos gramos de plutonio cada mes, la atención de los participantes enterados se volcó hacia Los Álamos, donde sabían que se trabajaba en el montaje de la bomba y se determinaba la masa crítica necesaria para la explosión nuclear, pero no cuándo ni dónde se iba a arrojar el artefacto.

A la incertidumbre vino a sumarse una evidencia: Alemania estaba perdiendo la guerra, ¡no había necesidad de usar contra ella la bomba atómica! Los aliados ingleses y estadounidenses decidieron, por fin, abrir el famoso Segundo Frente y las defensas alemanas eran ya notoriamente insuficientes para resistirlo: a 13,000 aviones aliados, la *Luftwafe* sólo podía oponer 500.

El 6 de junio de 1944 la flota de desembarco, compuesta por 6,500 lanchas, apoyadas por aviones y barcos de guerra, se dirigió de las costas inglesas a las francesas. Alemania no podía distraer fuerzas del frente oriental, ya muy golpeadas, y decidió usar la primera de sus armas secretas, que no resultó ser nada semejante a una bomba atómica. Las primeras bombas voladoras, las famosas V1, fueron lanzadas la noche del 12 al 13 de junio contra Londres. Desde entonces, hasta el 27 de marzo de 1945, la capital británica sufrió los estragos de los bombardeos, primero de las V1 y, a partir del 8 de septiembre, de las más "perfeccionadas" bombas V2.[38]

La cruel "eficiencia" de las bombas voladoras disminuyó a medida que la defensa británica crecía, pues al final de los bombardeos, el 70% de las bombas era interceptado y destruido antes de llegar a su destino.

El 15 de agosto de 1944 se produjo el desembarco aliado en el sur de Francia y, dos días después, los parisinos —entre ellos Frédéric Joliot, líder de la resistencia—, luchaban en la calle, fusil en mano, para liberar su ciudad.

El avance soviético por la recuperación de Ucrania, por un lado, y la liberación de Francia, por el otro, privó a los alemanes de dos de los más grandes distritos agrarios e industriales. La producción bélica del Tercer Reich se desplomó a partir del mes de septiembre y disminuyeron las raciones de alimento de los que más trabajaban.

El 12 de enero de 1945 se reinició la ofensiva soviética a lo largo de un frente de 700 km desde el Mar del Norte hasta los Cárpatos. De Polonia y Checoslovaquia el ejército soviético se dirigió a Berlín y llevó la guerra a suelo alemán, mientras caían, una tras otra, las ciudades. En abril, con los suicidios de Hitler, Eva Braun, Goebbels y su esposa y el sacrificio de sus seis hijos, terminaba la trágica pesadilla europea.

La otra batalla, la del Pacífico, aún no vivía el momento más crítico, aunque Japón también se sabía vencido.

Las amenazas de Goebbels relacionadas con las "armas secretas" que "pronto" usaría el tercer Reich, habían despertado serias inquietudes entre los investigadores del átomo en Estados Unidos. ¿Se trataba de las bombas atómicas? Para contestar ésta y otras preguntas, el Alto Mando estadounidense decidió organizar una misión para investigar el asunto, a la que llamaron "Alsos", que fue encabezada por el coronel Pash. A fines de agosto de 1944, cuando Pash se encontraba en París con las tropas aliadas, llegó a ese país el físico Samuel Goudsmit, asesor científico.

Goudsmit, nacido en Holanda, tenía instrucciones de ponerse en contacto con los científicos europeos e informarse sobre el "proyecto alemán del uranio". Goudsmit obtuvo los documentos del archivo de Von Weizsacker, director del Instituto de Física de la Universidad de Estrasburgo, y al revisarlos descubrió que los alemanes llevaban un retraso no menor de dos años con respecto al trabajo estadounidense.

En 1942, el ministro Speer había decidido que el proyecto se realizara sólo en pequeña escala; es decir, la escala suficiente para construir un reactor nuclear que dotara de energía a las fábricas.[39] A pesar del carácter *top secret* de los comunicados de Goudsmit a Groves, la noticia cundió entre los investigadores y les ocasionó una seria crisis de conciencia.

Alemania nunca había intentado desarrollar la bomba y era evidente que Japón no estaba en condiciones de hacerla, ¿qué sentido tenía seguir trabajando en su fabricación?, ¿qué justificación ética podía tener su uso? En el Laboratorio Metalúrgico de Chicago y en Los Álamos el asunto se discutió apasionadamente.

Desde principios de 1944, independientemente de la información que iba a dar Goudsmit, Niels Bohr pensaba en las consecuencias políticas que podría tener el que los estadounidenses usaran la bomba sin consultar a sus aliados inglés y soviético. Pensaba que sería más fácil establecer acuerdos de control compartido antes de terminar la bomba. Con el fin de convencerlos, escribió un memorándum dirigido a Roosevelt y a Churchill en el que presentaba sus argumentos; luego se entrevistó personalmente con ellos, pero ninguno de los dos le hizo caso.

Por otra parte, en diciembre de 1944, James Franck, Leo Szilard, Eugene Rabinowitch, Glenn T. Seaborg y Donald Hughes, entre otros, organizaron semioficialmente una Comisión de Implicaciones Sociales y Políticas suscitadas por el uso de la bomba. La situación había cambiado radicalmente. Leo Szilard, quien antes se preocupaba por echar a andar al proyecto del uranio, ahora trataba, con toda su capacidad, de impedir que llegara a término, tal y como lo concebían los militares.

Para el ejército resultaba absurdo gastar tanto tiempo, dinero y energía humana en la construcción de una nueva bomba, para al final no usarla. Su lógica les hacía pensar que la justificación de todo aquello estaba precisamente en utilizarla, sin detenerse a pensar en otras implicaciones humanas, políticas y éticas más profundas.

Una vez más Szilard visitó a Einstein. Una vez más éste aceptó enviar una carta al presidente estadounidense, pero ahora con un argumento en contra del uso de la bomba, y una vez más Szilard llevó la carta, acompañada por un extenso memorándum suyo, a Roosevelt.

Cuando, el 12 de abril de 1945, el presidente murió repentinamente, los dos documentos estaban pendientes de ser leídos sobre su escritorio.

El nuevo presidente, Harry S. Truman, tuvo *menos de cuatro meses* para enterarse de la información correspondiente al ultrasecreto Proyecto Manhattan. ¿Cómo esperar que captara todos los detalles e implicaciones del caso? Le era imposible desprenderse de todos sus hábitos de pensamiento y de sus prejuicios por lo que, apoyado en consideraciones políticas, ahora las suyas y las de sus consejeros afines, siguió adelante mientras pensaba en las ventajas prácticas que se obtendrían.

Szilard trató de hablar con Truman para analizar su memorándum y la carta de Einstein, pero fue imposible. La agenda de trabajo del presidente se lo impidió y Szilard, aconsejado por el mismo secretario de Truman, fue entonces a hablar con James

Byrnes, amigo y consejero del mismo, político del viejo estilo e, incluso, mal informado quien, aburrido por lo que consideraba "exageraciones de científico", lo interrumpió diciéndole: "¿No se preocupa usted demasiado por cosas inútiles? Por lo que yo sé, ¡en Rusia ni siquiera existe uranio!"[40] Y ese mismo ignorante que no podía imaginar que los soviéticos tuvieran tanta capacidad como los mismos estadounidenses, fue designado al poco tiempo Secretario de Estado.

Alguien más comprometido que Einstein, del que nadie habla

En mayo de 1945 Truman nombró una Comisión para que lo asesorara en todo lo relacionado con el Proyecto Manhattan, presidida por Harry L. Stimson, secretario de Guerra. Formaban parte de la misma, Bush, Conant, Karl T. Compton, Byrnes y los subsecretarios de Estado y de Marina.

La Comisión, a su vez, formó un comité, constituido por científicos, que debía mantenerla informada sobre todos los aspectos técnicos del Proyecto. Ese comité, denominado Comité Interino, quedó integrado por Fermi, Lawrence, Oppenheimer y Arthur H. Compton.

El 31 de mayo, Stimson reunió a todo el grupo, Comisión y Comité, y pidió a los miembros de éste que sondearan la opinión de la comunidad científica sobre el Proyecto, aclarando que él mismo, al igual que el general Marshall, no se limitaba a pensar únicamente en las aplicaciones militares, sino que se preocupaba por un futuro en el que se tomara en cuenta la cooperación internacional para controlar

la producción y el uso de la energía atómica.

El 11 de junio de 1945, el grupo de Franck, enterado de la organización del Comité, presentó un informe donde se analizaban diferentes posibilidades del uso directo de la bomba contra una población japonesa. Entre el 15 y el 16 de junio, después de consultar a sus colegas, el Comité se reunió para redactar su propio informe.

Las conclusiones de los dos informes, el del grupo de Franck y el del Comité Interino, no coincidían. Ambos se redactaron en un momento crucial, cuando la opinión definitiva de Stimson, y en consecuencia de Truman, estaba gestándose; de ahí la importancia de ser leídos y comprendidos antes de asumir una decisión.

El llamado Informe Franck insistía en ideas tan importantes como las siguientes:

"El desarrollo de la energía nuclear no sólo constituye una importante adición a la potencia tecnológica y militar de Estados Unidos, sino que también crea graves problemas políticos y económicos para el futuro de esta nación.

"Seguramente, las bombas nucleares no podrán persistir como 'arma secreta' a la exclusiva disposición de este país más de unos cuantos años. Los principios científicos en que se basa su construcción son conocidos por los científicos de otras naciones.

"A menos que se instituya un control internacional eficaz de los explosivos nucleares, es indudable que en el mundo se iniciará una carrera por ese tipo de armamentos, después de su primera revelación.

"...En la guerra a la que probablemente conduciría tal carrera armamentista, Estados Unidos, con su aglomeración de población e industria en relativamente pocos distritos metropolitanos, ocuparía una posición desventajosa en comparación con otras naciones cuya población e industria se hallan distribuidas en grandes superficies.

"Opinamos que estas consideraciones hacen poco aconsejable el empleo de las bombas nucleares, en un ataque por sorpresa contra Japón. Si Estados Unidos fuera el primero en utilizar estos nuevos medios de destrucción indiscriminada sobre la Humanidad, sacrificaría el apoyo público mundial, precipitaría la carrera armamentista y perjudicaría la posibilidad de alcanzar un acuerdo internacional sobre el futuro control de tales armas.

"...En el caso de que las posibilidades de llegar a un acuerdo, y de establecer así un control internacional eficaz de las armas nucleares, tuvieran que ser consideradas como escasas en la actualidad, entonces no sólo el uso de estas armas contra Japón, sino su revelación precoz pueden ser contraproducentes para los intereses de este país. Posponer tal revelación tendría en este caso la ventaja de retrasar tanto como fuera posible el comienzo de la carrera en pos de los armamentos nucleares.

"Si el gobierno se decidiera en favor de una demostración anti-cipada de las armas nucleares, cabría la posibilidad de que con-siderara a la opinión pública de este país y a la de las demás naciones antes de decidir si estas armas deberían ser usadas con-tra Japón. De este modo, otras naciones podrían asumir parte de la responsabilidad por tan nefasta decisión."[41]

Aquí tenemos el alegato más profundo, realista, visionario y humano de todos los que se manejaron en aquellos fatídicos días. Basta recordar lo que estamos viviendo en la actualidad para comprender que sus autores supieran extrapolar hacia el futuro y hacer deducciones triste y trágicamente confirmadas.

¿Qué opinó, en cambio, el Comité Interino en su propio informe?:

"...Las opiniones de nuestros colegas científicos sobre el uso inicial de esta arma no son unánimes: oscilan desde la propuesta de una demostración puramente técnica, hasta aquélla de una aplicación militar diseñada lo mejor posible para inducir la capitulación. Aquellos que abogan por una demostración puramente técnica, desearían proscribir el uso de los armamentos atómicos y temen que si los utilizamos ahora, se verá perjudicada nuestra posición en futuras negociaciones. Otros ponen énfasis en la oportunidad de salvar vidas estadounidenses mediante el uso militar inmediato y creen que dicho uso mejorará las expectativas internacionales, ya que éstas están más interesadas en prevenir la guerra que en eliminar ese armamento especial. Nosotros nos encontramos más cercanos a esta última opinión; no podemos proponer ninguna demostración técnica que tenga visos de terminar la guerra; no podemos vislumbrar ninguna alternativa aceptable al uso militar directo.

"...No afirmamos, sin embargo, tener ninguna competencia especial para resolver los problemas políticos, sociales y militares que se presentan con el advenimiento de la energía atómica."[42]

¿Quién habrá propalado la errónea idea de que "los científicos" son un grupo humano que se puede caracterizar uniformemente? Sin ir más lejos, aquí tenemos dos grupos de destacados científicos que opinan y actúan de maneras muy diferentes.

Unos, los del equipo de Franck, profundamente angustiados por el futuro de la Humanidad, plantearon razones, proporcionaron argumentos y se atrevieron a hacer juicios históricos, políticos, sociales y éticos. Los otros, los de Compton, insistieron en sus pretendidas limitaciones para poder juzgar, pero condenaron finalmente a indefensos civiles a servir de ejemplo de un holocausto a la Humanidad; holocausto de japoneses decidido por estos científicos, tan tímidos, que afirman no tener "ninguna competencia especial para resolver los problemas políticos..."

Es casi seguro que Compton estaba sinceramente convencido de que el desembarco en Japón costaría la vida a muchos estadounidenses, entre los cuales era muy probable que se encontrara su propio hijo. Igualmente, podemos estar "casi" seguros de la buena fe de Lawrence, Oppenheimer y Fermi. ¿Por qué "casi"? Porque pensamos que estaban más comprometidos con el grupo político, mucho menos libres y, desde luego, mucho menos preocupados por lo que significaba decidir la muerte de seres humanos, aparentemente lejanos.

Pero esa opinión no era la única, *ni siquiera lo era entre todos los integrantes del gobierno estadounidense*, donde se habían planteado opciones muy diferentes a la del famoso desembarco.[43] Por un lado estaba la solución diplomática, que pretendía ahorrar tanto vidas estadounidenses como japonesas. Se sabía que Japón había intentado comunicarse diplomáticamente con la URSS, para conseguir una rendición no incondicional, sino distinta a la planteada por Truman y algunos de sus consejeros. Por otro lado, la marina estadounidense estaba más que preparada para bloquear a Japón, aislarlo y obligarlo a rendirse, pues sin materias primas no podía mantenerse, y por si fuera poco, en aquellos momentos Hirohito había iniciado su campaña en favor de la paz.

Si esas soluciones no se asumieron, no significa que la que se tomó fuera la mejor. Tenemos derecho a pensar y podemos perfectamente decir que fue la peor de todas las propuestas. Además, ¿de qué desembarco hablaban los militares y políticos estadounidenses, si desde 1944 se estaba bombardeando Japón con una intensidad salvaje? Da la impresión de que se habían propuesto arrasar con el territorio, sin importarles la muerte y tragedia de la población civil.

En forma sistemática, la fuerza aérea, inspirada en la estrategia del inefable Curtius le May, se había lanzado a destruir las ciudades japonesas buscando debilitar al enemigo más allá de sus líneas de combate, en una triste táctica desarrollada desde entonces, que busca, más allá de cualquier consideración ética y humana, el desmoronamiento interno del enemigo.

En la noche del 9 de marzo de 1945, con bombas incendiarias de Napalm, los bombarderos estadounidenses destruyeron gran parte de Tokio, dejando un saldo de 80 mil muertos y una cifra semejante de heridos.[44] Este nivel de devastación, comparable al de las bombas atómicas, no llamó entonces la atención, ¿se consideraba "normal"?

Ahora sabemos que Compton, Fermi, Lawrence y Oppenheimer se equivocaron al apoyar, como lo hicieron, el uso de las armas nucleares. Pero la participación de Arthur H. Compton fue aún más desatinada y grave.

Preocupado Franck porque su informe fuera verdaderamente

leído por Stimson y el presidente, lo llevó personalmente a Washington. Allí se encontraba Arthur H. Compton, quien procedió a la lectura del informe acompañado por Norman Hilberry. Cuenta el mismo Compton, que trató de concertar una entrevista con Franck y Stimson pero este último no se encontraba en la ciudad:

"Su asesor especial, George Harrison, me aseguró que personalmente le recomendaría el documento al secretario. A petición de Franck, transmití a Stimson el memorándum y una nota, en la cual consideré necesario destacar que el informe, *si bien demostraba las dificultades que podría provocar el uso de la bomba, no mencionaba, en cambio, la probable salvación de muchas vidas, ni tampoco que si la bomba dejaba de utilizarse en aquella guerra, el mundo no tendría la advertencia adecuada de lo que podría ocurrir si estallaba otra.*"[45]

Como consecuencia de su nota a Stimson, alcalce del Informe Franck, Compton consiguió que este documento trascendental, único, *no fuera leído por ninguno de los protagonistas de la decisión final de usar la bomba. ¡Y hay quién todavía acusa a Einstein de haber sido el padre de la bomba atómica!*

¡Aquí está la responsabilidad profunda, de otro mucho más comprometido! La bomba atómica no tuvo un padre, pero su uso en Hiroshima y Nagasaki tuvo en cambio muchos progenitores de dudosa sensibilidad. Uno de ellos, de los más involucrados, porque pudo actuar para impedirlo y no lo hizo, fue Arthur H. Compton, Premio Nobel de Física.

La bomba

El 16 de julio de 1945 se hizo estallar la primera bomba atómica de la historia. Lo que sucedió, superó todo lo previsto. Para los observadores, la prueba constituyó un éxito; para otras personas, que juzgaron posteriormente las cosas, aquéllo constituyó, en otro sentido, un enorme fracaso.

Las teorías científicas, más que nunca, fueron confirmadas; pero de una manera brutal, con una potencia de 20 mil toneladas de trinitro tolueno (TNT), para ser más precisos. Pero, en el otro sentido, aquel estallido marcó el gran fracaso de las tentativas de la inteligencia para imponerse a la violencia. La inteligencia, la que nos caracteriza como *seres humanos*, la que existe en armonía con los sentimientos de solidaridad y a su servicio, fue superada por la violencia, por el afán de dominio.

Algunos científicos, entre los que al parecer se encontraba Oppenheimer, se impresionaron tanto por los acontecimientos que empezaron a sentir, más cerca, lo que la bomba significaba en términos de sufrimiento humano y no de *número de bajas* japonesas, y quizá por eso se opusieron más adelante a la proliferación de armas nucleares.

En la reunión de Postdam, celebrada el 17 de julio de 1945, los jefes de Estado aliados decidieron que la Unión Soviética declarara la guerra a Japón para facilitar la invasión estadounidense; esto demuestra que no se perseguía la rendición, sino la invasión y el sometimiento sin contemplaciones. Sin embargo, la posesión de la bomba produjo serias dudas en los estadounidenses durante el tiempo que duró la reunión, mientras se conjuntaba la información detallada.

El 23 de julio, Truman, quien al preparar días antes la agenda de la Conferencia consideraba conveniente comprometer a los soviéticos en la invasión, tenía serias dudas sobre el asunto y pidió a Stimson que averiguara cuál era la opinión de Marshall.

"Marshall estaba seguro, igual que yo, de que con nuestra nueva arma *no necesitaríamos la ayuda soviética para conquistar Japón.*"[46] Este comentario proporciona una perspectiva sobre las intenciones del equipo político responsable de la decisión final de bombardear Hiroshima y Nagasaki.

Si se podía, Estados Unidos debía ser *el único vencedor de Japón*, más aún, su *único conquistador*. Pero en Postdam las cosas tomaron otro rumbo: se comprometió a la URSS en la invasión y, como se sabe, ésta cumplió su compromiso sin mayores consecuencias políticas. Así, el uso de las bombas nucleares, sumado a la destrucción provocada por los bombardeos "tradicionales" de Le May y a la acción decisiva de Hirohito para evitar más sufrimientos, proporcionó a Estados Unidos el dominio total y completo de Japón. El 6 de agosto de 1945 se lanzó la primera bomba atómica sobre Japón y se destruyó Hiroshima.

La noticia se comunicó a Truman, que regresaba, a bordo del Augusta, de la Conferencia de Postdam. Según anotó en sus memorias: "Me sentí muy conmovido. Llamé por teléfono a Byrnes a bordo del barco, para comunicarle la noticia; después le dije al grupo de marineros que me rodeaba: Esto es lo más grande de la Historia. Es tiempo de que lleguemos a casa."[47]

Tres días después, sin que nadie pidiera autorización expresa a Truman, se sacrificó Nagasaki. Huelga decir que, aunque en ese momento no se tenía una idea clara de lo sucedido, cuando se tuvo, Truman jamás cambió de actitud. Para él no se había tratado de seres humanos, sino de intereses e ideas, de cifras y conceptos.

Las consecuencias físicas y genéticas de la exposición a las bombas atómicas no han desaparecido; por el contrario, tiende a aumentar la cifra de enfermos entre los descendientes de las víctimas. Pero no sólo se hereda la predisposición al cáncer en Japón; también parece heredarse la rigidez mental entre algunos políticos que, por si fuera poco, son elegidos, y reelegidos como jefes de Estado.

6

El nuevo Golem

El Golem, gigante mecánico dotado de vida por su creador, un rabino-mago, escapó al control humano y se transformó en una poderosa y loca máquina de destrucción.

El inútil sacrificio de Nagasaki

Presas de la angustia existencial, derivada del descubrimiento de la ilimitada capacidad humana para la crueldad, tan evidente

99

en la conducta de los nazis en los campos de concentración y de los torturadores policiacos en todo el mundo; sensibilizados por el deprimente espectáculo de la brutalidad bélica; sacudidos ante la violencia genocida manifestada en Hiroshima y Nagasaki, muchos hombres y mujeres buscaron respuestas con las cuales poder vivir en paz con su conciencia, en un mundo de valores en crisis.

Así, en el afán de juzgar al Hombre con mayúscula y no a los determinados *hombres*, responsables de cada acción de la historia, surgió una tesis cuya principal virtud fue la de llevar a muchas personas a la aceptación pasiva, en la mayor parte de los casos, de los hechos que las angustiaran.

Era una tesis que liberaba la tensión psíquica al llevar a niveles cósmicos el tema de la responsabilidad humana. Surgió en un momento de incertidumbre, cuando aún los personajes implicados directamente en los acontecimientos no los habían narrado, cuando no existía la información adecuada para llegar a juicios precisos, cuando a falta de hechos, se podían plantear teorías de tipo general que no requerían de verificaciones, o que eran imposibles de llevar a cabo.

En esencia, esta tesis, defendida incluso por científicos tan prestigiados y valiosos como Max Born, planteaba que la *culpabilidad del uso de la bomba atómica tenía que ser compartida* por todos los seres humanos. Todos éramos culpables, en un grado o en otro, por permitir, entre todos, que las relaciones humanas se degradaran hasta el extremo de hacer posible el uso de la bomba atómica.

Afortunadamente, se escucharon otras voces, menos sumisas, como las de Linus Pauling y Noam Chomsky. ¿Quién fue el culpable? ¿El "Hombre"? ¿Y *quién es él*? El hombre es una abstracción, un ente abstracto; todos y ninguno. Así, el culpable escapa a la posibilidad de identificación, pues decir "el Hombre" es como decir "la Humanidad": *todos y nadie.*

Por lo pronto, dentro de ese "todos" debemos quitar a las víctimas. ¿No hay más inocentes?, ¿qué ocurre con esa parte de la población humana, tan aislada y perseguida, con los grupos indígenas, con todos los analfabetas del mundo y con los niños?

Esta actitud sirvió para descargar la conciencia de muchos, pero también para cargar de turbiedades la de otros y ocultar los hechos ante la opinión pública, tender un velo tras el cual quedaron escondidos los acontecimientos y, sobre todo, sus responsables auténticos.

A esa tesis siguieron otras semejantes. Durante los años de las décadas de los cincuenta y sesenta comenzó a decirse que *la ciencia* era la culpable y en forma sutil se pasó de "la ciencia" a "los científicos" y, de entre ellos, se escogió al más importante: Albert Einstein.

El carácter críptico de la actividad científica y su alejamiento del común de la gente facilitó que se le identificara como el origen del mal. El gran público creyó todas las tesis sentimentales que ocultaban la verdad. Lo que no puede entenderse ni aceptarse es que algunos "historiadores" lo hayan creído y trasladado a libros de texto.

Las primeras investigaciones de fondo sobre la decisión de lanzar la bomba no las emprendieron los historiadores, sino los *periodistas*. Aquí cabe un reconocimiento a su valiosa labor, a su curiosidad y a su compromiso humano. De entre los muchos nombres, sobresalen dos: el periodista alemán Robert Jungk, autor del excelente reportaje *Más brillante que mil soles* y de *Muerte y resurrección de Hiroshima* y el estadounidense Michael Amrine, autor de *La gran decisión*. Los periodistas fueron quienes marcaron el rumbo. Después siguieron los libros, algunos de los cuales son autobiográficos, en los que se volcaron las inquietudes de científicos comprometidos con el Proyecto Manhattan o con la

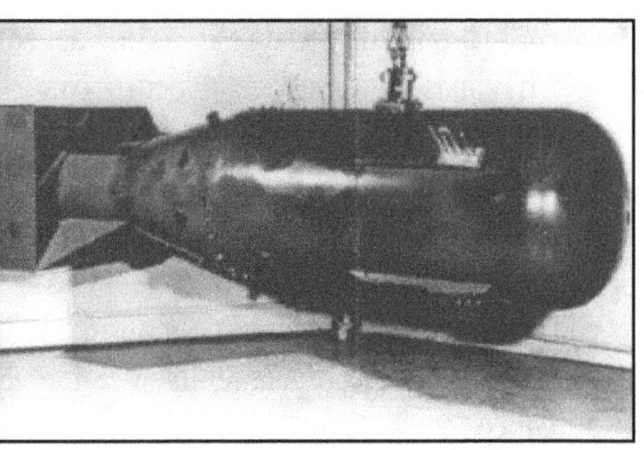

"Little Boy" le llamaron a la bomba atómica de uranio que se dejó caer sobre la ciudad japonesa de Hiroshima. (Foto cortesía de la Smithsonian Institution.)

investigación nuclear: Leo Szilard, Max Born, Arthur H. Compton y, recientemente, Otto R. Frisch y Emilio Segré. La información acumulada proporciona una visión más clara y precisa de los acontecimientos; el tiempo transcurrido permite un juicio más sereno y equilibrado.

El Enola Gay, comandado por el coronel Tibbets, fue el avión que se encargó de consumar el holocausto. (Foto cortesía de la Smithsonian Institution.)

La misión del Enola Gay; de izquierda a derecha: el coronel Thomas W. Ferebee (bombardero), el coronel Paul Tibbets (piloto), el capitán Theodore J. Van Kink (copiloto) y el capitán Robert Lewis (oficial de la tripulación). (Foto cortesía de la Smithsonian Institution.)

La situación actual nos obliga a dar a conocer lo que sabemos, convencidos del valor de la opinión pública y del derecho de cada ser humano a intervenir, si puede, en la definición de su futuro, y a protestar cuando otros asuman la decisión de disponer de las vidas ajenas.

El segundo bombardeo atómico. ¿Quién lo ordenó? "El general Tiempo"

El ataque a Nagasaki comenzó a las 2:56 horas de la madrugada del 9 de agosto de 1945, cuando del aeropuerto de Tinian, en las islas Marianas, despegó una pequeña flotilla de tres aviones, encargados de llevar a cabo la Misión Especial de Bombardeo número 16: uno transportaría aparatos científicos e instrumentos de medición; otro, cámaras de cine y fotográficas, y el tercero,

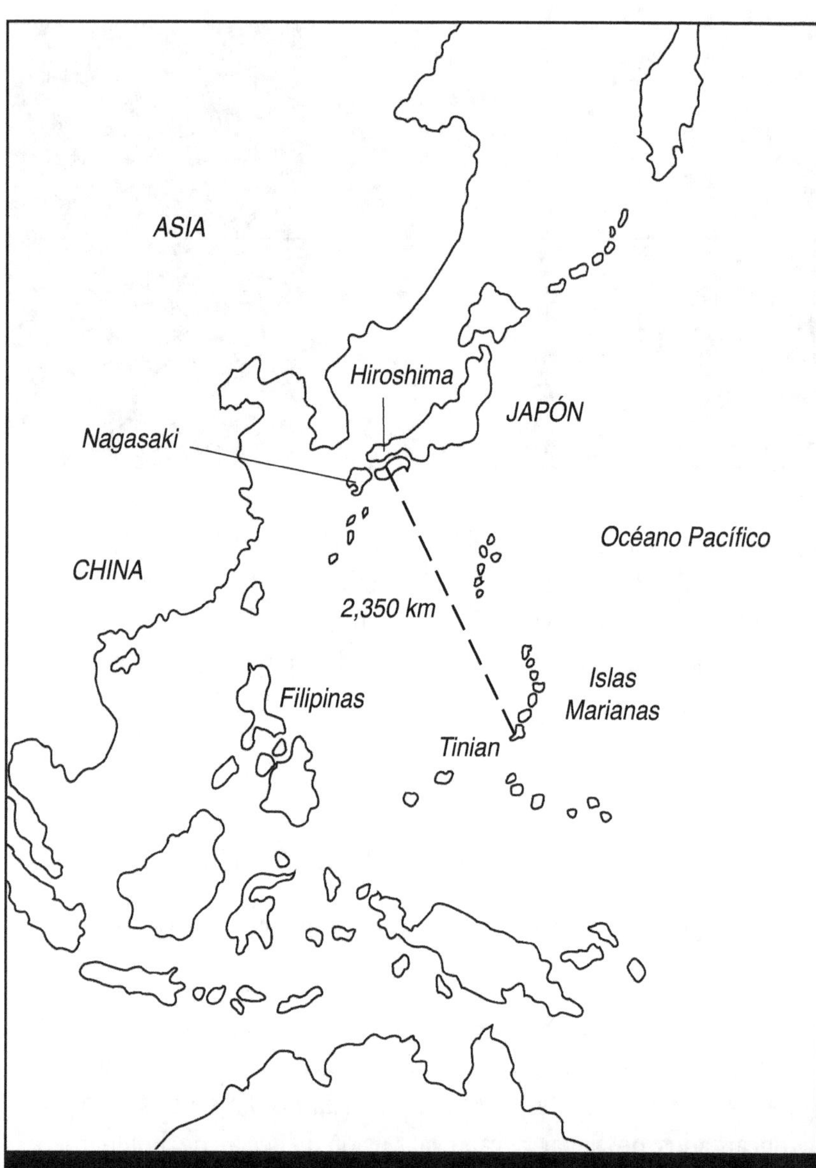

Figura 6. Base de Tinian, de donde despegaban los aviones de la misión especial bombardeo número 16.

la bomba atómica, la única bomba de fisión nuclear, a base de plutonio, que se tenía en ese momento (véase la figura 6).

El avión de ataque llevaba una bomba diferente a la usada tres días antes en Hiroshima. No sólo porque era de plutonio (la de Hiroshima fue de uranio), sino porque la primera se había montado durante el vuelo y ésta ya estaba montada y lista para lanzarse.

Al mando de la misión y como piloto del bombardero *Bock's car*, estaba el comandante Chuck Sweeney, a quien previamente el jefe del grupo, Paul Tibbets, había informado sobre los detalles.

Sweeney y nueve de los trece hombres que formaban la tripulación habían participado tres días antes en el bombardeo de Hiroshima, como parte del equipo que llevaba instrumentos científicos de medición en el avión *Great Artist.*

En la reunión final Tibbets había dado las indicaciones: la bomba debía ser lanzada sin usar el radar, para evitar ser localizados por el enemigo; su blanco inmediato era el arsenal de Kokura y su sustituto, en caso de fallar, los astilleros Mitsubishi de Nagasaki.

¿Cómo se habían determinado los objetivos del bombardeo atómico? El 4 de marzo de 1945, el general Groves, director general del Proyecto Manhattan desde el 17 de septiembre de 1942, recibió el encargo del jefe del Estado Mayor, Marshall, de buscar posibles objetivos para usar la bomba, cuyo costo ya había sido calculado en más de 2 mil millones de dólares. En realidad, desde 1942 hasta la elaboración de las tres bombas atómicas, usadas en 1945, el Proyecto Manhattan consumió más de 3,500 millones de dólares. Para muchos políticos próximos al presidente Truman, el enorme costo representaba la más poderosa razón para usar la bomba.

Groves seleccionó cuatro ciudades japonesas, en las que no sólo existían fábricas o concentraciones militares, sino también gran cantidad de suburbios y casas japonesas que, además, estaban construidas, en su mayoría, de material inflamable y albergaban una densa población.

Sin embargo, cuando Groves presentó la lista al secretario de Guerra, Stimson, éste se indignó y le ordenó quitar un nombre de la lista; se trataba del centro religioso y cultural más importante de Japón: Kyoto.

Groves se había resistido a presentar la lista a Stimson, argumentando que al día siguiente (la entrevista se realizaba el 12 de junio de 1945, en el despacho de Stimson) la presentaría al general Marshall. Stimson, a su vez, había insistido en conocer los posibles objetivos y ahora pedía que Kyoto se borrara de la lista. La terquedad de Groves hizo necesario llamar a Marshall y delante de él Stimson impuso su criterio.

En esa oficina se cambió Kyoto por Nagasaki y se confirmaron las otras tres ciudades elegidas como blanco: Hiroshima, Kokura y Niigata (véase la figura 7).

El 9 de agosto de 1945, Sweeney despegó, a las 2:56 horas de la madrugada, rumbo a Kokura. Un poco antes, cuando la tripulación se encontraba ya en la pista de despegue, nerviosa y a punto de ascender al avión, el mecánico de vuelo, John Kuharek, informó a Sweeney que una de las bombas auxiliares de transporte de gasolina no funcionaba: uno de los depósitos de reserva no podría, llegado el caso, proporcionar gasolina a los motores, lo que significaba la reducción del radio de acción del bombardeo.

La Misión, que pensaba realizarse el 11 de agosto, se había adelantado dos días debido al mal tiempo.

Ahora surgía otra oportunidad para detener el ataque y de nuevo no se aprovechaba, porque Paul Tibbets, jefe de Sweeney, dejó en manos de éste *la decisión* de seguir adelante. Sweeney decidió continuar, convencido de que colaboraba a cortar el tiempo de guerra.

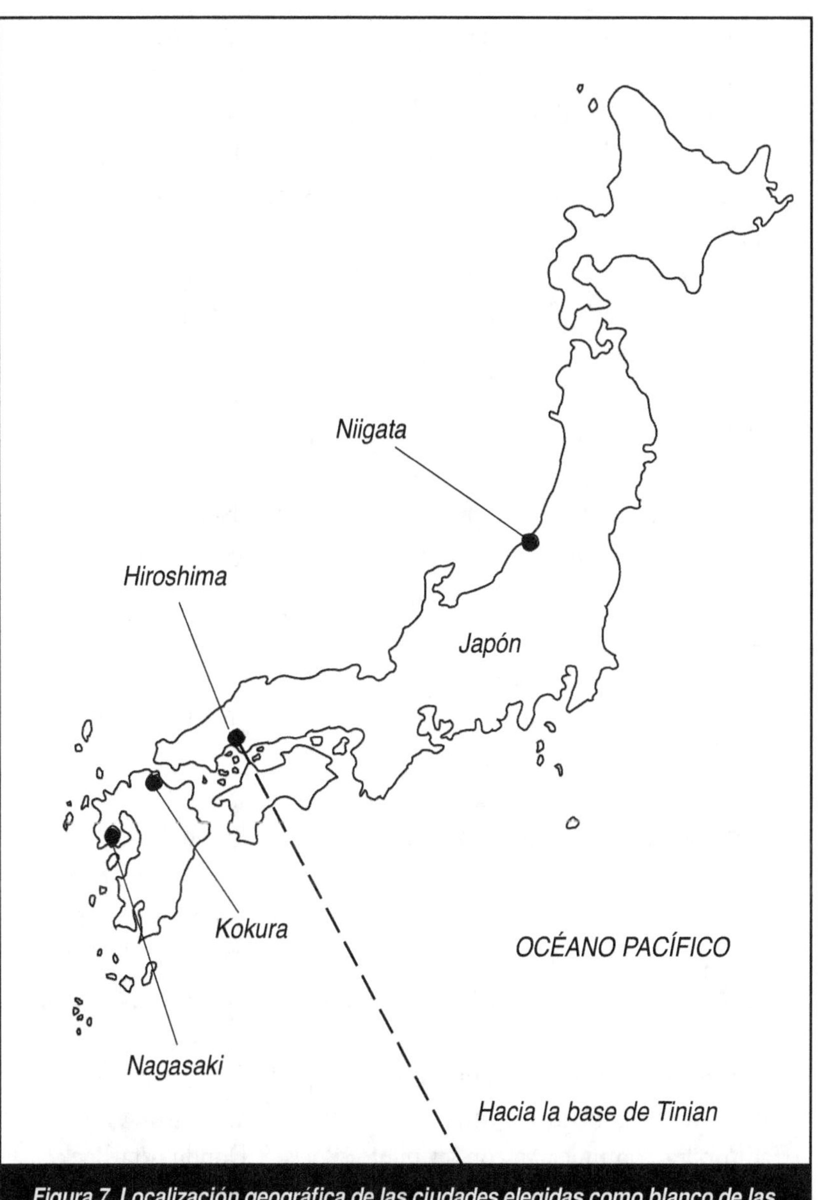

Figura 7. *Localización geográfica de las ciudades elegidas como blanco de las bombas atómicas.*

Ese fue el primer elemento de tensión. El segundo corrió a cargo de la caja negra, cuya señal indicadora de la activación de la bomba, se encendió durante el vuelo. A las 7 horas, el parpadeo de la luz roja de la caja puso en movimiento al personal responsable, haciéndolos sudar frío hasta que descubrieron dos pequeños interruptores colocados en posición invertida.

El tercero surgió al llegar a la isla de Yakashima, donde los tres aviones, que habían volado a 10,000 metros de altura, debían encontrarse para seguir juntos rumbo al objetivo. Uno de los tres aparatos no apareció y a las 8:40 Sweeney, a quien le podría faltar gasolina, decidió avanzar y descender sobre Kokura acompañado de un solo avión.

El cuarto problema fue provocado por las nubes que envolvían Kokura e impedían la visibilidad del blanco. Después de dar dos vueltas y de buscar un claro entre las nubes, Sweeney avisó a la tripulación que el lanzamiento se suspendía. Desalentado, dio otra vuelta a menor altura; los japoneses lo descubrieron y las baterías antiaéreas de Kokura empezaron a disparar, mientras algunos aviones se dirigían a su encuentro.

Todo contribuía al fracaso de la misión. Cuando Kuharek informó a Sweeney que la gasolina se acababa y que sólo tenían suficiente para llegar a Iwo Jima, se volvió a presentar la oportunidad para evitar una masacre. Pero Sweeney no se dio por vencido; después de consultar al comandante Frederick L. Ashworth, quien lo acompañaba en la misión, decidió dirigirse al segundo objetivo de la misión: Nagasaki.

En el momento de cambiar de rumbo, perdió de vista al otro avión, y cometió un grave error: oprimió el transmisor y usó la radio para comunicarse con su piloto, Bock. "¿Dónde está Bock?" Esas tres palabras marcaron su posición y cuando, desde cientos de kilómetros al sur, escuchó la voz de aquellos que había perdido

de vista en Yakashima, "¡Chuck!... ¿Eres tú, Chuck?" comprendió que ya no disponía de mucho tiempo para huir de los aviones japoneses.

Así, tensos y nerviosos, llegaron a las 11:02 horas a Nagasaki; encontraron un claro, descendieron y soltaron la bomba.

No faltará quien crea en la "mala suerte" de la ciudad mártir. Preferimos pensar en la deformación mental de un piloto de guerra que, después de presenciar la explosión de Hiroshima, tres días después no encontró suficientes motivos, entre tantos que las circunstancias le plantearon, para justificar el fracaso de la misión.

¿Quién decidió la suerte de Nagasaki? Pensamos, a pesar de todo, que Tibbets tenía órdenes de bombardear. ¿Quién le dio la orden? No fue el presidente Truman quien ordenó avanzar rumbo a Kokura. Y no fue él porque no podía esperarse, en tiempos de guerra, contar con la participación expresa del presidente en cuestiones militares.

El presidente sólo definía acciones generales; sus jefes militares decidían, sobre la marcha, los detalles estratégicos, de acuerdo con su apreciación de las condiciones del momento. No existió, pues, tal orden presidencial.

Sí existió, en cambio, una orden general, cuya secuencia fue la siguiente: el 23 de julio de 1945, el general Leslie R. Groves, director general del Proyecto Manhattan, la redactó y presentó al jefe del Estado Mayor, Marshall, quien la aprobó y a su vez, la mostró al secretario de Guerra, Stimson, para su aprobación.

Posteriormente la orden se mandó al presidente Truman, a la sazón reunido en Potsdam con los jefes de Estado aliados, para la aprobación final.

Truman la remitió, desde Postdam, al general Thomas T. Handy, jefe interino del Estado Mayor, quien la escribio, firmó y envió al general Carl Spaatz, comandante en jefe de las Fuerzas Estratégicas de Estados Unidos en la isla de Guam. El documento decía textualmente lo siguiente*:

"Al General Carl Spattz C.G., FAEEUU:

"1. El grupo mixto 509, de la vigésima fuerza aérea, lanzará su primera bomba especial, *tan pronto como el tiempo permita* el bombardeo visual *hacia el día 3 de agosto* y sobre uno de los objetivos: Hiroshima, Kokura, Niigata y Nagasaki. Con el objeto de transportar al personal científico y militar del Departamento de Guerra que observará los efectos de la explosión de la bomba, un avión acompañará al aparato encargado de la misión. Los aviones de observación permanecerán a varios kilómetros de distancia del lugar de impacto de la bomba.

"2. Se lanzarán bombas adicionales sobre los objetivos anteriormente mencionados tan *pronlo como lo disponga el personal del proyecto*. Se ampliarán las instrucciones concernientes a objetivos diferentes a los anteriormente mencionados.

---

*Las cursivas son del autor.

"3. La difusión de parte o de toda la información relacionada con el empleo de la bomba contra Japón queda reservada al Secretario de Guerra y al Presidente de Estados Unidos. Los comandantes en campaña no emitirán comunicados de ninguna clase sobre el tema sin contar con la autorización de sus superiores. Toda noticia que pueda surgir sobre el tema se enviará al Departamento de Guerra para su total esclarecimiento.

"4. Todas las normas mencionadas aquí se han redactado con la aprobación del secretario de Guerra y del jefe del Estado Mayor de Estados Unidos. Es conveniente que envíe usted una copia de estas instrucciones al general Mac Arthur y otra al almirante Nimitz para su información.

"Firmado. Thos T. Handy
"General jefe del Estado Mayor
Jefe Interino del Estado Mayor,"

El 29 de julio, en el despacho del general Le May, en Guam, Spaatz se reunió con Tibbets, jefe del grupo mixto 509, y con el capitán Parsons, encargado del montaje de la primera bomba que se usaría contra Japón. En esa reunión se transmitió la orden a los encargados de ejecutarla. *Tibbets calculaba que se requerirían 2,000 aparatos B29, cargados a toda su capacidad con bombas convencionales, para alcanzar el equivalente a la primera bomba atómica de uranio.*

Sin embargo, en esa orden no se definía cuál de los cuatro blancos mencionados iba a ser el primero en sufrir el bombardeo. *Hiroshima fue elegida por comunicación secreta entre Spaatz, Handy y Groves, el 31 de julio.*

El lo. de agosto, en Tinian, Paul Tibbets escribió la orden supersecreta para el primer ataque atómico de la historia, la guardó en un sobre y la remitió a Curtius Le May, en Guam.[47]

El 2 de agosto, de nuevo frente a Le May, quien había sido ascendido a jefe del Estado Mayor de las Fuerzas Aéreas Estratégicas, seguramente para recompensar sus ataques masivos a Tokio, *se confirmó que Hiroshima iba a ser el primer objetivo.*

Finalmente, en Tinian, el 3 de agosto de 1945, Le May entregó a Tibbets la orden de la Misión de Bombardeo Especial número 13, que correspondía a la redactada por éste dos días antes, en la cual se definía la fecha para el ataque, el 6 de agosto, y se establecían tres objetivos en el siguiente orden de prioridad: Hiroshima, Kokura y Nagasaki.[48]

Eso fue todo. *No hubo más órdenes.* Después de la tragedia de Hiroshima, no existió ninguna comunicación entre los jefes militares *responsables, ni entre ellos y sus autoridades civiles.*

Todo lo que autorizó Truman fue una orden general de bombardeo, que se remitió a Spaatz. El control civil se perdió y los militares quedaron en total libertad para actuar.

El Golem se liberó. Todo quedó en manos de su majestad el tiempo. El "mal tiempo" previsto para el día 11, impuso la nueva fecha del 9 y, como hemos visto, frente a Kokura, volvió a imponerse, marcando el destino de Nagasaki, ahora a través de las Fuerzas Estratégicas, no del jefe del Estado Mayor, del secretario de Guerra, o de quien luego quiso asumir la "responsabilidad", el presidente de Estados Unidos, Harry S. Truman.

El Golem, poder ciego e irreflexivo de destrucción, actuó a través de un simple piloto que, conociendo el poder de la bomba que soltaba, porque había contemplado ya su efecto en Hiroshima, tomó la decisión de no regresar a la base de Iwo Jima sin antes haber provocado la muerte a 70 mil personas más y la desgracia a otras 140 mil.

Podían sentirse satisfechos quienes pensaban que mientras existieran hombres así, se aprovecharía correctamente la inversión de tres mil millones de dólares. Porque el bombardeo de Nagasaki, no sólo fue un *error* político e histórico; fue una brutalidad innecesaria.

Es importante situarse en lo que ocurría con los personajes japoneses que podían decidir sobre la rendición. El emperador Hirohito era partidario de rendirse y evitar inútiles sufrimientos al pueblo, pero su opinión no tenía peso en las decisiones del gobierno, controlado por los militares.

La influencia del emperador había disminuido a medida que progresaba la guerra y, en agosto de 1945, Hirohito era manejado y utilizado por los militares como un medio más de control sobre el pueblo japonés.

La tragedia de Hiroshima fue encubierta y al bombardeo siguieron férreas disposiciones tendientes a impedir que se difundiera la información sobre lo ocurrido, la que, por otra parte, era confusa y contradictoria para el mismo alto mando militar.

¿Cómo podía ser de otra manera? Los volantes arrojados sobre algunas ciudades japonesas, invitando a la rendición, amenazaban a la población, pero sólo los estadounidenses, amigos de autoengañarse, pudieron pretender que con eso se había advertido a los japoneses.

El alto mando japonés desconocía lo que era una bomba atómica; al llegar las primeras noticias pensaron que estaban frente a una *nueva arma*, pero *de tipo tradicional*.[49] Para evitar el pánico, controlaron la información mientras investigaban, sin lograr impedir que algunos sobrevivientes de la violenta explosión, llevaran su dantesca visión lejos de Hiroshima.

Pero la censura fue muy eficaz; a los pilotos japoneses y demás miembros del ejército se les convenció de que la propaganda estadounidense pretendía crear el pánico con una mentira: la existencia de una bomba atómica. Todo esto ocurrió entre el 6 y el 9 de agosto,

día en que el gabinete se reunió por tercera ocasión para discutir las implicaciones de la nueva arma estadounidense.

La verdad y sus consecuencias totales no las conocía *nadie* en aquel entonces, ni siquiera los científicos y técnicos que habían elaborado la bomba, quienes se enteraron poco a poco de lo ocurrido. Fue necesaria la tragedia de Hiroshima para que, personas como Oppenheimer, tomaran conciencia de la necesidad de impedir en lo sucesivo la repetición de un genocidio de esa magnitud.

Cuando Chuck Sweeney, siguiendo al general "tiempo", decidió atacar Kokura, los políticos y militares japoneses habían convocado a una reunión.

En ésta se encontraban el primer ministro, Kantoro Suzuki; el ministro de Guerra, general Anami; el jefe del Estado Mayor, almirante Umezo; el jefe del Estado Mayor Naval, almirante Toyodo; el ministro de Asuntos Exteriores, Togo, y el almirante Yunai.

Suzuki, Togo y Yunai opinaban que ya se había sufrido bastante y que convenía rendirse; el resto, por el contrario, que "el sacrificio" (por supuesto se referían al del pueblo japonés) no había sido suficiente. Su sentido del "honor" y su "dignidad" de samurais, los llevaban a pensar *que el pueblo aún podía resistir*.

Así, a partir del 7 de agosto, el debate transcurrió durante tres días, sin que llegaran a un acuerdo.

El informe sobre lo ocurrido en Hiroshima, que confirmaba el uso de una bomba atómica, lo recibieron la noche del 8 de agosto. En la mañana del 9, una reunión del Consejo Supremo de Guerra fue interrumpida por la noticia de la explosión de otra bomba atómica, ahora en Nagasaki.

Durante la reunión celebrada poco antes de la media noche del 9 de agosto, la discusión se prolongó, sin llegar a ningún acuerdo.

El primer ministro Suzuki propuso acudir al juicio del emperador Hirohito. Los militares, obligados por las circunstancias, por el protocolo y por la tradición, no podían negarse a la intervención del emperador. Hirohito votó en favor de la paz y Japón se rindió.

Pero no fueron aquellos bombardeos atómicos los que *hicieron pensar por primera vez* en *la rendición*. Ya se venía pensando en ella *antes* de Hiroshima.

Después de anunciar la rendición por radio, Hirohito tuvo que esconderse para no perder la vida en manos de oficiales, insubordinados y amotinados, que el 14 de agosto atacaron el palacio imperial para atentar contra su vida.

El pueblo japonés, engañado por sus gobernantes militares, aún se creía en condiciones de lograr la victoria. La noticia de su derrota y las palabras del emperador anunciándola por primera vez, constituyeron una dolorosa sorpresa.

Y ese fue el pretexto de quienes lanzaron la tesis con la que quisieron convencernos de la bondad de las bombas atómicas mediante las cuales "se logró poner fin a la guerra"; de quienes, después de la rendición japonesa, trataron de hallar justificación a lo injustificable, buscaron pretextos políticos y deformaron los hechos, llegando incluso, como lo hizo el presidente Truman, a tratar de "asumir responsabilidades", cuando en realidad, en todo momento el pueblo japonés fue víctima de su *irresponsabilidad*, de su incapacidad para descubrir al *Golem* que habían desatado.

El hongo de la muerte sobre Hiroshima, 6 de agosto de 1945 (izquierda).
Nagasaki... no se olvida. (Fotos cortesía de The High Weapons Archives.)

*Y una mañana todo estaba ardiendo
y una mañana las hogueras
salían de la tierra
devorando seres,
y desde entonces fuego,
pólvora desde entonces,
y desde entonces sangre.*

PABLO NERUDA

Epílogo.
Carrera hacia la paz

por Lena García Feijoo

Seis de agosto de 1995. Parque de la Paz. Hiroshima, Japón. Una flama arde en medio de un casi estático y silente lago artificial. Se sueltan miles de palomas blancas que emprenden el vuelo. Cien mil personas se reúnen en el lugar para conmemorar el cincuentenario del lanzamiento de la primera bomba atómica de la historia. Se recuerda también la segunda, lanzada el 9 de agosto sobre un blanco elegido en el último momento por un "nervioso" piloto estadounidense en la ciudad de Nagasaki. En ese acto, los líderes japoneses piden a las potencias nucleares que eliminen sus arsenales. El mundo se conmueve, percibe la verdadera dimensión de estos lanzamientos y cree que, ahora sí, han terminado... ¡Palabras y esperanzas al vacío!

Cuatro días después de la conmemoración japonesa, Charles Millon, ministro de Defensa de la Francia del presidente Jacques Chirac, declara públicamente que su país está de acuerdo con la prohibición de nuevas pruebas nucleares, pero que la respaldará después de haber terminado con las suyas. El 5 de septiembre de 1995, al mes del acto en el Parque de la Paz, el gobierno francés anuncia que ha realizado una explosión nuclear en el atolón de Mururoa, en el Pacífico Sur, y que ésta es la primera de una serie de ocho pruebas nucleares.

Por supuesto, la acción francesa no tardó en levantar también una ola de protestas internas y externas, entre las que destacan las de Tahití, importante isla de la Polinesia francesa que se vio directamente amenazada por el desarrollo de las pruebas, puesto que la zona polinésica ha sido usada como laboratorio de pruebas nucleares de los diversos países desde el final de la Segunda Guerra Mundial. La presión pública llegó a ser tal que en enero de 1996 Francia dio por terminadas sus acciones nucleares, después de haber realizado seis de las ocho pruebas proyectadas.

El 28 de mayo de ese mismo año, Chirac prometió también terminar con sus reformas militares internas a más tardar en enero de 1997, paso que de alguna manera le permitió renegociar su posición dentro de la Organización del Tratado del Atlántico Norte (OTAN).

Mas los asuntos nucleares no acabaron ahí. El 12 de junio de 1996, la prensa internacional daba a conocer la noticia de las pruebas nucleares chinas, mantenidas en relativo secreto tras los "ejercicios militares" en la región del estrecho de Taiwan. La reacción llegó a su punto culminante cuando un barco de la organización ecologista internacional Greenpeace, en señal de protesta, entró en aguas territoriales chinas y permaneció por cuatro horas en el estuario del río Yang-tzé, exigiendo al gobierno de Beijing la suspensión de sus pruebas nucleares. Tras esta manifestación, el barco fue abordado por miembros de la armada china y, escoltado por ocho buques, tuvo que dejar el territorio chino.

Sin embargo, Greenpeace no se cruzó de brazos y, recurriendo a un método muy usado por Amnistía Internacional, consiguió que desde diferentes lados del mundo se le enviaran cartas al gobierno de la República Popular de China para presionarlo y señalarlo como único responsable ante la opinión pública.

El movimiento surtió efecto, ya que a China no le convenía despreciar esa opinión, en un momento en que sus acciones sobre Taiwán eran minuciosamente observadas por los llamados "países demócratas" y en el que su apertura política, cultural y económica hacia éstos estaba a punto de coronarse con un ejemplo de tolerancia y modernidad: la IV Conferencia Mundial sobre la Mujer, realizada en Beijing en septiembre de 1996.

Pero, ¿de qué tipo de explosión nuclear estamos hablando? Pues bien, desgraciadamente las imágenes que difundieron los medios de comunicación internacionales en agosto del 95 alrededor de los lanzamientos en Hiroshima y Nagasaki mostraron claramente qué era la bomba atómica, bomba de fisión o bomba-A, pero poco ayudaron a divulgar la historia de la llamada "carrera armamentista" relacionada con ella.

De hecho, para mucha gente el fenómeno de la bomba-A fue algo "novedoso" que comprendió, más o menos, por primera vez. La mayoría de la población mundial, llevada por sus propios y cotidianos problemas de miseria, hambre, desnutrición, falta de higiene, desempleo, violencia interna y externa, falta de educación, etcétera poco o ningún fundamento ha tenido para entender los alcances reales del desarrollo mal aplicado de la energía nuclear. Información escasa, manipulada o mal redactada han caricaturizado los actos nucleares y han propiciado no pocos disparates. Incluso, algunos historiadores y divulgadores contribuyeron a que Albert Einstein fuera bautizado como el "padre de la bomba", cuando que, si en sus manos hubiera estado, jamás se habría hecho tal uso de la energía nuclear. Así, las mentiras y las lagunas fueron comunes en esta historia y pocos conocían la verdad. Con el cincuentenario de agosto de 1995, pareció nuevo algo que, de hecho, era dramáticamente viejo.

Sin embargo, para quienes estaban involucrados en el desarrollo de armamentos cada vez más destructivos ("poderosos", en su lenguaje), poco importaba que se hablara de los estragos causados en Hiroshima y Nagasaki, de sus víctimas, ya que a fin de cuentas esas bombas habían sido sustituidas hacía tiempo por otras mucho más destructivas.

En las explosiones realizadas por Francia y por China, se utilizaron bombas termonucleares, bombas-H, de hidrógeno o de fusión. La bomba-A de Hiroshima estaba formada por núcleos de uranio 235 que durante la reacción se fisionaron, liberando una inmensa cantidad de energía en forma de calor y provocando con ello el desplazamiento de grandes masas de aire y una enorme contaminación radiactiva, de graves efectos posteriores. Su fuerza era de 15 kilotones, es decir, equivalente a la de 15 mil toneladas de trinitro tolueno. La bomba de Nagasaki, también atómica, tuvo un núcleo más "poderoso", de plutonio 239, cuya fuerza se calcula en 20 kilotones. La bomba-A, por sus efectos radiactivos que ocasionaron la muerte de los seres vivos, fue llamada "bomba sucia".

Al terminar la Segunda Guerra Mundial, en 1945, con la demostración por parte de EE. UU. de su "control" sobre la energía atómica, los demás países participantes, algunos de ellos ya muy adelantados, temieron rezagarse y continuaron con la investigación nuclear canalizada hacia la obtención de sus bombas.

En 1952, el Reino Unido realizó su primera prueba exitosa en la isla de Montebello, cerca de Australia, en el Pacífico Sur; en 1960, Francia lo hizo en la región de Reggane en el Sahara francés; y en 1964, China, en el desierto de Takla Maklan. En cuanto a la URSS, se sabía que tenía la suya desde 1949.

Lo que es poco más desconocido es lo que pasó después.

El 31 de enero de 1950, el presidente de EE. UU., Harry S. Truman, "responsable" de los bombardeos de Hiroshima y Nagasaki, convencido por el físico Edward Teller, ordenó a la Comisión de Energía Atómica de su país la investigación y fabricación de una nueva bomba, miles de veces más poderosa pero que además fuera limpia en cuanto a sus efectos radioactivos posteriores. Esta resultó ser la bomba-H, de fusión o de hidrógeno, llamada así porque se consigue a partir de la fusión, o "unión", de núcleos ligeros, generalmente de hidrógeno o de sus isótopos pesados: deuterio y tritio, así como también el litio. Dicha reacción presenta un defecto de masa muy superior al de la fisión.

Para que se produzca la reacción de fusión, se necesita un detonador, que no es otra cosa que una fisión, es decir, una explosión atómica. La cantidad de energía que se libera es muchísimo mayor, habiendo llegado en pruebas nucleares estadounidenses y rusas, desde los 20 y 50 megatones en los años 50, hasta los 3,000 kilotones en 1974, por lo que fue necesario normar la potencia máxima de estas armas hasta reducirla a 500, primero, y a 20, después.

Sin embargo, a este tipo de bomba se le llamó "limpia" porque aunque los niveles de temperatura son mucho mayores, así como la onda explosiva, sus efectos radiactivos son menos impresionantes. La bomba-H debe manejarse con extrema precaución, ya que el menor descuido puede provocar devastadoras consecuencias inmediatas y a largo plazo. Esta vez sí podemos hablar de un "padre" de tal artefacto: Edward Teller, físico húngaro nacionalizado estadounidense quien al llegar a los EE. UU., colaboró con Oppenheimer desde 1942 en Los Álamos, Nuevo México.

Pero continuemos con nuestra historia de la bomba. El primero de marzo de 1954, Estados Unidos realizó tres pruebas nucleares con la nueva bomba en el atolón de Bikini, Eniwetok, Pacífico Sur, acción que, dicho sea de paso, fue estéticamente plasmada por el pintor Salvador Dalí en su obra *Las Tres Esfinges de Bikini*.

El diámetro de la nube del hongo generado por la explosión fue de ¡190 km! y los primeros afectados fueron unos tranquilos pescadores japoneses que se encontraban a 150 kilómetros. Dicha prueba constituyó una seria amenaza a las frágiles relaciones internacionales y políticas de la posguerra.

Ante esto, los desconfiados amigos y enemigos del mundo de

la época no dudaron en aumentar presupuestos para la carrera armamentista y acelerar sus pasos hacia la meta. ¿La justificación? Era cuestión de "seguridad nacional". El 20 de agosto de 1955, la URSS declaró tener ya su bomba-H y el 16 de mayo de 1956, el Reino Unido hizo detonar la suya en la, literalmente, bombardeada isla de Montebello. El 17 de mayo de 1957 realizó una segunda prueba en la isla de Christmas, también perteneciente al golpeado Pacífico Sur polinésico.

En cuanto a China y Francia, todavía tardarían un poco, pero no demasiado. A principios de la década de los 50, China daría un giro político-económico-social de 180° y se convertiría en la República Popular de China, apoyada en el fundamento filosófico-económico de Mao Tsé-tung. Durante cerca de una década, y acusado de "comunista" por los países "democráticos", se mantendría como un latente misterio, para aparecer en la década de los 60, ante la opinión pública internacional, como una nueva "posibilidad" capaz de enfrentarse hasta a la URSS. Para 1965, era ya claro miembro del "club atómico", habiendo realizado ya algunas pruebas con la bomba de fusión.

Esta vez había rebasado a Francia, que no podía menos que sentirse presionada. Por entonces, el presidente de Francia era el ex-líder de la resistencia francesa, el general De Gaulle. Las primeras pruebas realizadas bajo su coordinación, y a veces ante él, fueron en el atolón de Albión en 1966, pero no se obtuvieron los resultados buscados. En 1967, los ingleses enviaron como asesor a sir William Cook, miembro de la Secretaría de Energía Atómica del Reino Unido. Finalmente, la meta se consiguió en 1970.

Pero eso sólo fueron los inicios. Se dice pronto, pero se calcula que hasta el momento se han realizado 2,035 pruebas nucleares: 1,030 de EE. UU., 715 de la URSS, 204 de Francia, 45 del Reino Unido y 41 de la República Popular de China.

Sin embargo, esta información procede de fuentes occidentales y, desgraciadamente, es relativa. No hay que olvidar la "sorpresa" que se llevó el mundo "civilizado" cuando vio, a raíz de la Guerra del Pérsico en 1990, que Irak tenía suficientes misiles como para cumplir su palabra y bombardear Israel. La televisión difundió imágenes del nuevo armamento de EE. UU. (aunque luego nos enteramos por diversos medios que no era tan nuevo, pues había sido "estrenado" en la invasión a Panamá de 1989), y del armamento de Irak, que, según se dijo, había sido comprado a traficantes, pero que en realidad respondió a una investigación propia con asesoría extranjera. De hecho, el 17 de agosto de 1995, ante una reunión de representantes de la ONU que se realizaba en Bagdad, Irak reveló una extensa información sobre sus programas de armas nucleares y bacteriológicas. ¿La razón?, la presión de las tropas estadounidenses en la región y la deserción, el 8 del mismo mes, de 20 oficiales del ejército iraquí, entre los que se destacaba el general Hussein Kamel Hassan, yerno del presidente Saddam Hussein y ¡director del Programa de Armamento desde 1987!

Pero esta demencial carrera armamentista ha provocado una gran miseria entre los pueblos del mundo, al desviar presupuestos que podrían haberse destinado a satisfacer las necesidades de alimentación, salud, educación y vivienda. Y peor aún, dar mar-cha atrás implica un presupuesto igual o mayor al invertido en armarse. La que bien podríamos nombrar "cuota por la paz" o "precio de la paz", que además del desarme incluye desmovilizar tropas, eliminar minas, cerrar bases militares, repatriar refugiados y transformar las instalaciones de defensa de cada país fue, en 1990, de más de tres mil millones de dólares; para 1992 ya era de nueve mil quinientos millones de dólares, y para 1994, de quince mil ochocientos millones de dólares. Así, ahora, el sofisma queda establecido: no es posible el desarme, dicen, por su alto costo. Sí es posible, en cambio, seguir invirtiendo elevadísimas sumas de dinero en el desarrollo de nuevo y cada vez más complejo armamento mientras la miseria se extiende por todas partes.

Sin embargo, por firmas y tratados no ha faltado. El 5 de agosto de 1963, EE. UU. URSS y la Gran Bretaña firmaron un Tratado sobre Limitación de Pruebas Nucleares que prohíbe el uso de armamento nuclear en el espacio, sobre la tierra y bajo el agua. El 27 de enero de 1967, se firmó otro que prevenía contra la instalación de este tipo de armamento en órbita alrededor de la Tierra, satélites, la Luna o cualquier otro cuerpo celeste.

En julio de 1968, los mismos países, más otros menores, firmaron el Tratado de No Proliferación Nuclear, en el que se acordó no dar armamento nuclear a naciones que no tuvieran su propio desarrollo en este terreno. Este tratado se extendió indefinidamente el 11 de mayo de 1995.

El 26 de mayo de 1972 tocó el turno al Tratado Estratégico de Limitación Armamentista, mejor conocido como SALT-I. En él, EE. UU. y la URSS se daban un plazo de cinco años en lo que a investigación y desarrollo de armamento se refiere.

En un tratado aparte, el ABM, limitaron también el número de misiles de "defensa" que podían tener en cada país: de 100 a 2, para en 1974 reducirlo a 1. Con esto, el mundo dio un respiro, pero la firma de tratados continuó siendo una necesidad. Así, el 18 de junio de 1979 se firmó, en Viena, el SALT II, en el cual se limitaba el número de armas "ofensivas" de EE. UU. y la URSS a 2,400 misiles por país para el 1 de enero de 1985, 1,320 misiles balisticos intercontinentales (ICBMs) y 1320 misiles balísticos submarinos (SLBMs). Sin embargo, este tratado no fue ratificado por el Senado de EE. UU., ya que, justificándose en la invasión soviética de Afganistán, el presidente Jimmy Carter decidió dar marcha atrás. Fue entonces cuando la tensión de una guerra nuclear llegó al máximo y las protestas por todos los puntos afectados comenzaron a ser escuchadas.

Finalmente, el 8 de diciembre de 1987, Mijail Gorbachov y Ronald Reagan firmaron en Washington el Tratado sobre las Fuerzas Nucleares de Mediano Alcance (INF) comprometiéndose a retirar todos sus misiles de mediano y corto alcance colocados en Europa y Asia. El tratado fue ratificado por el Senado estadounidense en mayo de 1988.

En cuanto a la última década del siglo XX, el número de tratados ha sido menor que en la de los 70, pero sus efectos han tenido mayores alcances. En principio, se firmó el 31 de julio de 1991 el Tratado Estratégico de Reducción de Armamento o START I en Moscú, cuyos protagonistas fueron Mijail Gorbachov, como presidente de la URSS, y George Bush, como los de EE. UU. En este tratado se estableció una reducción de un 30% del armamento (debido a los altos costos de la empresa) en tres etapas que se desarrollarán en 7 años. Sin embargo, por nuevos problemas se amplió el plazo de la acción.

Si bien el Senado estadounidense no ratificó el tratado hasta octubre de 1992, el verdadero freno fue la llamada "caída" del "bloque" soviético socialista en diciembre de 1991. A raíz de ésta, el territorio de la URSS quedó dividido entre cuatro repúblicas: Rusia, Ucrania, Kazajstan y Bielorrusia, todas con misiles en su territorio. Las tres últimas acordaron trasladar sus armas a Rusia y ratificar el START I, pero el gobierno ruso decidió por su parte no ratificarlo hasta que las otras tres repúblicas también ratificaran el Tratado de No Proliferación Nuclear y garantizaran que no formarían parte del "club atómico". A fines de 1993, Bielorrusia y Kazajstan accedieron, pero Ucrania no lo hizo hasta febrero de 1994. El 1 de junio de 1996, Leonid Kuchma, presidente de Ucrania, anunció en una ceremonia en la base de misiles de Pervomaisk que había transferido las últimas armas, a cambio de lo cual recibió de Rusia 1,000 millones de dólares en petróleo y combustible nuclear para cinco plantas eléctricas. En cuanto a Bielorrusia, en octubre de 1996 aún no había terminado de trasladar las suyas.

Por último, y paralelamente a las negociaciones alrededor del START I, se firmó en Moscú, el 3 de enero de 1993, el START II, el más importante tratado de desarme en la historia de la bomba. Según dicho tratado EE. UU. y Rusia se comprometieron a desmantelar en una década un tercio de sus misiles de largo alcance y, además, eliminar el 100% de las bases terrestres de misiles de múltiples cabezas.

Aunque el START II aún no ha sido ratificado por Rusia, una luz real comienza a verse alrededor de lo que bien podría llamarse la Carrera por la Paz. Sin embargo, de nada servirá que EE. UU. y Rusia den un paso si los demás miembros del "club atómico", reconocidos o no, no los siguen. Por supuesto, será difícil y, sobre todo, muy costoso; el hambre, la desnutrición, la insalubridad, la falta de educación, el desempleo, seguirán justificándose perversamente aduciendo falta de recursos mientras se logra el desarme total, objetivo declarado de cuya sinceridad todos tenemos derecho a dudar.

Sin embargo, tampoco podemos seguir delegando, como seres humanos que en teoría somos, la responsabilidad de todas las decisiones en los gobiernos. Ya muchos hemos visto lo que fue la bomba-A, ya sabemos que sus efectos destructivos fueron mayores a lo previsto. También sabemos que, a la par, se ha avanzado en el conocimiento y control de la fusión nuclear y que en un reactor de fusión será posible lograr que un gramo de deuterio libere la misma energía que 10,000 kg de carbón. Además, la radiación controlada y dirigida, tal como ocurre con la llamada bomba de cobalto puede seguir siendo una importante herramienta en tratamientos extremos de enfermedades como el cáncer. ¿Cómo olvidar, por otra parte lo que los isótopos radiactivos han significado en la investigación y en la industria?

A estas alturas del fin del milenio, no podemos seguir creyendo que los asuntos de los políticos no nos incumben, ya que en ello nos va la vida misma y, si analizamos los resultados de haber actuado tan poco y haber delegado tanto, el panorama es poco alentador. De hecho, lo único que haríamos, si habláramos, es eco a palabras muy anteriores. ¿No fue aquel poeta del siglo XV español, Jorge Manrique, quien en sus Coplas por la Muerte de su Padre dijera: "Este mundo bueno fuera/ si bien usásemos de él/ como debiera..." Y nosotros, a fines del siglo XX, aún no acabamos de comprender su principio.

No es época de olvidar lecciones y heridas. A fin de cuentas se trata de nuestra capacidad y valor individual, que de haberse impuesto, habría evitado las tragedias de Hiroshima y Nagasaki. Pero ante la voz alta, clara y valiente de científicos como Szilard, Franck, Pauling, Bohr y Einstein se alzó la de otros como Edward Teller, con muy pocos escrúpulos y también las de todos los presidentes, políticos y militares, que prefirieron beneficiarse personalmente con el sucio negocio de las armas, abusando de su posición dentro de las estructuras del poder. ¿Aprenderemos quienes no somos gobernantes sino gobernados a resistir y rechazar las disposiciones que nos amenazan?

¿Lograremos que aquellos actúen como auténticos responsables de un poder que nosotros les prestamos? Las bombas atómicas representan el genocidio y como tal, desgraciadamente, no han pasado a la historia. El genocidio, cubierto de mil maneras está hoy más presente que nunca.

Imagino ahora algo que me gustaría escuchar o ver en el 2045, en las celebraciones del centenario de los infames bombardeos de Hiroshima y Nagasaki; un reportero diciendo: "Seis de agosto de 2045. Parque de la Paz. Hiroshima, Japón. Día de la Correcta Aplicación de la Energía Nuclear.

En el centro de un apacible lago artificial arde una llama. Ante millones de espectadores de todo el mundo, miles de palomas blancas fueron lanzadas al vuelo. Hoy, el mundo recibe, al fin, un nuevo, emotivo y tranquilizador mensaje... la Carrera por la Paz se ha coronado con éxito".

Apéndice

El Informe Franck

James Franck, Donald J. Hughes, J. J. Nickson,
Eugene Rabinowitch, Glenn T. Seaborg,
Joyce C. Stearns y Leo Szilard
Junio de 1945

Introducción

La posibilidad de emplear la energía atómica como un instrumento de presión política en tiempos de paz, y como una amenaza de súbita destrucción, en tiempos de guerra, es la única razón para considerarla de una manera distinta respecto de los demás descubrimientos del hombre en el ámbito de la física. Los actuales proyectos de investigación, desarrollo científico e industrial, tanto como los de divulgación de la fisica nuclear, dependen de la situación política y militar en la que se supone que tales proyectos se llevarían a cabo. Así pues, no es posible eludir el análisis de los problemas políticos al pretender emitir sugerencias en torno a la utilización de la física nuclear durante la posguerra. Los científicos involucrados en la elaboración de este proyecto, no intentan esgrimir ninguna autoridad al hablar de los problemas que la política nacional o la internacional puedan plantear. No obstante, debido a los acontecimientos, nos encontramos en la postura de un grupo de ciudadanos conscientes del grave peligro que ame-naza la seguridad de este país, así como el futuro del resto de las naciones, y del cual no se ha advertido al resto de la humanidad. Es por eso que consideramos nuestro deber contribuir al reconocimiento de la gravedad de los problemas políticos que implica la posesión de la energía nuclear y hacer ver la necesidad de adoptar las medidas adecuadas para su estudio y tomar las decisiones pertinentes. Creemos que el hecho de que el secretario de Guerra haya creado un comité que deberá analizar los diversos aspectos de la física nuclear, es un indicador de que nuestras sugerencias han sido reconocidas por el Gobierno. Asimismo, consideramos que nuestro conocimiento de los aspectos científicos del asunto, tanto como nuestra permanente preocupación por las consecuencias políticas mundiales del mismo, nos obligan a plantear al comité algunas sugerencias que contribuyan a ofrecer alternativas de solución a estos graves problemas.

Con anterioridad, se ha acusado a los científicos de proporcionar nuevas armas para la destrucción de las naciones, en lugar de preocuparse por incrementar su bienestar. Es evidente que, por ejemplo, el descubrimiento de la técnica de vuelo ha aportado, hasta el momento, más miseria que felicidad al género humano. Pero en el pasado, era posible para los científicos rechazar toda responsabilidad directa por el uso que el hombre hiciese de sus descubrimientos. En la actualidad nos sentimos obligados a asumir una actitud más activa, puesto que nuestros avances en el desarrollo de la energía atómica han creado peligros infinitamente mayores que los que se derivaron de invenciones anteriores. Familiarizados, como estamos, con el actual estado de la física nuclear, vivimos obsesionados por la idea de la súbita destrucción de nuestro país, la idea de un Pearl Harbor aumentado mil veces, repitiéndose en cada una de nuestras principales ciudades.

En épocas anteriores, la ciencia fue capaz de proporcionar frecuentemente medios de protección contra las nuevas armas que ella misma había hecho posibles; pero ahora no puede prometer una protección eficaz contra el poder de destrucción de la energía nuclear. Esta protección sólo podrá surgir de la adecuada organización política del mundo. De entre los innumerables argumentos que propugnan por la creación de un organismo internacional eficiente en favor de la paz, el de la existencia de las armas nucleares es el de mayor peso. Puesto que no existe una autoridad internacional que evite la utilización de recursos extremos en los conflictos internacionales, es posible que las naciones se desvíen —lo que significaría la mutua destrucción total— de la ruta pacificadora lograda por medio 0del establecimiento de un acuerdo internacional que prohíba la carrera de armamentos nucleares.

Perspectivas de la carrera armamentista

Se puede sugerir que el peligro de destrucción por armas nucleares puede evitarse —al menos por lo que a nuestro país respecta— si se mantienen en secreto por tiempo indefinido nuestros descubrimientos en la materia, o bien, si desarrollamos nuestro armamento nuclear con tal rapidez que ninguna otra nación pudiera considerar la posibilidad de atacarnos, temieindo una respuesta devastadora. La respuesta a la primera sugerencia es que, si bien nuestra ventaja en la materia es por demás importante en relación con el resto del mundo, los principios fundamentales de la utilización de la energía nuclear son ampliamente conocidos. Los científicos británicos conocen tan bien como nosotros los adelantos básicos que en torno a la física nuclear fueron alcanzados durante la guerra —aunque no los procesos que empleamos en nuestros recursos mecánicos.

Por otro lado, el papel que jdesempeñaron los físicos franceses en el desarrollo de este campo antes de la guerra, además de su eventual contacto con nuestros proyectos, les permitirá alcanzarnos rápidamente, al menos por lo que respecta a los conocimientos científicos básicos. Por su parte, los científicos alemanes, cuyos descubrimientos propiciaron el desarrollo de esta área del conocimiento, no la investigaron, al menos aparentemente, con la misma intensidad que se hizo en nuestro país, pero hasta el último día de la guerra, los estadounidenses vivimos con el permanente temor de que llegaran a realizarlo. La certeza de que los científicos alemanes trabajaban en esta arma, y de que era evidente que el gobierno de aquel país no tendría escrupulos en utilizarla, una vez que contaran con ella, fue la causa principal de la iniciativa que tomaron los científicos estadounidenses al dar prioridad al desarrollo en gran escala del uso de la energia atómica con fines bélicos en este país.

Finalmente, para 1940, se conocían en Rusia los hechos básicos y las consecuencias de una explosión nuclear; los conocimientos de los científicos rusos en lo tocante a investigación nuclear son por demás suficientes para permitirles alcanzarnos en pocos años, aun si intentamos mantener ocultos nuestros avances. Incluso si lográramos conservar durante algún tiempo nuestra posición de vanguardia respecto de la investigación en física nuclear, manteniendo en secreto nuestros resultados en la materia, sería absurdo esperar que tal actitud pudiera protegernos durante algo más que unos cuantos años.

Ahora bien, preguntémonos si es posible evitar, mediante la monopolización de las materias primas necesarias para la obtención de la energía atómica, que otros países desarrollen la investigación nuclear con fines bélicos. La respuesta es que, si bien los yacimientos de uranio más importantes, conocidos hasta el momento, se encuentran bajo el control de potencias que pertenecen al grupo "occidental" (Canadá, Bélgica y la India Británica) los yacimientos de Checoslovaquia están fuera de este control.

Como sabemos, Rusia explota en la actualidad sus riquezas mineras de uranio dentro de su propio territorio, y aun cuando desconozcamos la importancia de tales yacimientos, la posibilidad de que en un país que abarca la quinta parte del área habitable del planeta y cuya zona de influencia se extiende a un territorio mayor, las reservas de uranio sean escasas es demasiado remota.

Así pues, debemos descartar la posibilidad de evitar una carrera de armas nucleares, lo mismo mediante el ocultamiento de los principios científicos básicos de la energía nuclear respecto de las naciones competidoras, que mediante la monopolización de las materias primas necesarias para el desarrollo de tal carrera.

En lo que toca a la segunda de las sugerencias que vertimos al principio de esta sección cabe preguntarse si nuestra gran capacidad tecnológica e industrial —que implica un enorme potencial en lo que se refiere a difusión de conocimientos técnicos y científicos, mayor magnitud en operatividad y eficiencia en nuestros equipos de trabajo, así como una sólida experiencia administrativa— no podría hacer que nos sintiéramos involucrados en una carrera armamentista que nos convierta en un arsenal nuclear donde se surtan todas las naciones aliadas envueltas en la actual contienda.

La respuesta es que las ventajas enunciadas sólo nos proporcionan más y mejores bombas atómicas.

No obstante, tal capacidad en potencia destructiva embotellada no garantiza que nos libremos de un ataque por sorpresa. Un poderío de esta envergadura hace que un posible enemigo tema verse superado por ella, y lo induce a emprender un ataque sorpresivo, sobre todo si sospecha que intentamos agredir su seguridad o su área de influencia.

Ningún otro tipo de ataque será tan ventajoso como éste para el agresor. Puede emplazar sus "artefactos infernales" en todas nuestras ciudades y hacerlos detonar a un tiempo con lo que destruiría la mayor parte de nuestra industria y una gran parte de nuestra población que se halla concentrada en áreas urbanas de gran densidad.

Aun cuando considéraramos que las represalias constituyen una compensación adecuada a los severos daños sufridos en lo que toca a pérdidas humanas y destrucción de ciudades, nuestras posibilidades de tomarlas se verían muy reducidas. En primer lugar, debemos disponer de transporte aéreo para las bombas y además, es posible que tengamos que hacer frente a un enemigo cuya industria y centros de población se encuentren dispersos en un amplio territorio.

Así, de permitirse el desarrollo de una carrera de armamentos nucleares, la única opción para que nuestro país se proteja de los nocivos efectos de un ataque inesperado reside en la dispersión de las industrias fundamentales para solventar nuestras acciones bélicas e igualmente en la diseminación de la población de las ciudades más importantes. En tanto las bombas atómicas sean escasas —en otras palabras: mientras el uranio constituya su material básico— la tentación de atacarnos con armas nucleares disminuirá si se efectúa una apropiada reubicación de la industria y la población de las grandes zonas motropolitanas.

Hoy es posible detonar bombas atómicas cuyo efecto equivale al de 20 mil toneladas de TNT.

Una de ellas devastaría alrededor de tres millas cuadradas* de un área urbana. Y todo hace suponer que en una década se contará con armas aún más cargadas de material activo, con un peso menor de una tonelada, y capaces de destruir más de diez millas cuadradas. De este modo, la nación que esté en condiciones de asignar diez toneladas de explosivos atómicos a un ataque sorpresivo contra nuestro país, se asegura la destrucción de la totalidad de la industria y de gran parte de la población en una superficie de más de 500 millas cuadradas (1,294 km^2 aproximadamente).

Cualquiera que fuere el objetivo del enemigo, si se tratara de un área de 500 millas cuadradas de territorio estadounidense que no alberga una porción importante de la industria y de la población cuya destrucción signifique una gran pérdida para el potencial bélico y para la capacidad defensiva del país, posiblemente el ataque no se consideraría de provecho y el proyecto se desecharía por infructuoso.

Actualmente existen en el país alrededor de cien zonas —cada una de ellas de cinco millas cuadradas— cuya desaparición constituiría un severo golpe para la nación.

Ya que la superficie de nuestro territorio es de aproximadamente tres millones de millas cuadradas, su potencial humano e industrial podría redistribuirse de manera que no hubiera 500 millas cuadradas con tanta relevancia como para convertirse en

---

*Una milla cuadrada = 2.588 km^2; 3 millas cuadradas = 7.764 km^2.

objetivo de un ataque nuclear. Somos totalmente conscientes de que un cambio de esta naturaleza en la estructura social y económica de nuestro país conlleva grandes dificultades. No obstante, es necesario plantear el problema para dilucidar qué formas de protección hemos de adoptar en caso de no lograr un acuerdo internacional afortunado.

En este aspecto, debemos destacar que nuestra posición es menos ventajosa que la de las naciones con una población distribuida más uniformemente o cuyos gobiernos gozan de gran poder en lo que toca a desplazamientos demográficos y a ubicación de las plantas industriales.

De no llegar a un acuerdo eficaz, la competencia por la pose-sión de armamento nuclear dará comienzo, a más tardar, al día siguiente de nuestra demostración inicial de la existencia del mismo. Luego, igualar nuestro punto de partida puede ocuparnos tres o cuatro años para otros países, y ocho o diez alcanzar nuestro nivel, si continuamos trabajando de forma intensiva en este campo.

Y éste es justamente el lapso de que disponemos para redistriuir población e industria. Es obvio que no debemos perder el tiempo y que nuestros expertos deben iniciar cuanto antes el estudio del problema.

Perspectivas de celebrar un acuerdo

Como es natural, todas las naciones —y no sólo Estados Unidos— coinciden en que las consecuencias de una guerra nuclear y las medidas que deben arbitrarse para proteger al país de la devastación que originaría un bombardeo atómico, son en verdad detestables. Inglaterra, Francia y los países más pequeños del continente europeo, con una población e industria totalmente aglutinadas, se encontrarían en una angustiosa situación frente a una amenaza de esa índole.

En la actualidad, sólo Rusia y China podrían sobrevivir a un ataque nuclear.

A pesar de que en estos países el aprecio por la vida humana pudiera ser menor que el que se tiene en la Europa Occidental y en América, y aun cuando Rusia posee un territorio vastísimo en el cual diseminar sus plantas industriales, y un gobierno que puede ordenar la redistribución en el momento en que se requiera de tal medida, es indudable que también esta nación se estremecería de horror ante la posibilidad de una repentina destrucción de Moscú y Leningrado, milagrosamente preservadas en la actual contienda, así como de la devastación de sus nuevas ciudades industriales emplazadas en los Urales y en Siberia.

En consecuencia, sólo la carencia de la *confianza* mutua y del *deseo* de celebrar un pacto pueden impedir que prosperen los esfuerzos para llegar a un acuerdo afortunado que prevenga una guerra nuclear. Su consecución depende básicamente de la honestidad de las intenciones y de la buena voluntad de cada uno de los participantes, en el sentido de renunciar a la porción necesaria de la propia soberanía.

Una manera de que el mundo conozca las armas nucleares que puede apoyar a quienes afirman que la bomba atómica es fundamentalmente un arma secreta desarrollada para vencer en la actual contienda consistiría en utilizarla, sin previo aviso, sobre objetivos seleccionados en el Japón.

Pero a pesar de los importantes resultados tácticos que implicaría la introducción repentina de armas nucleares, tanto las autoridades militares como los altos dirigentes políticos de la nación deben sopesar con sumo cuidado su uso en la guerra japonesa. Este paso puede afectar profundamente a Rusia, las naciones aliadas que no desconfían de nuestros procedimientos ni de nuestras intenciones, así como a las naciones neutrales.

Sería muy difícil persuadir al mundo de que un país que fue capaz de elaborar secretamente un arma nueva tan carente de discriminación como una bomba que se arroja desde el aire pero muchísimo más letal —y que de pronto la puso en acción— tenga derecho a la confianza de los demás en su proclamado deseo de eliminar tales armas a partir de un pacto internacional.

Pese a disponer de gases venenosos no los utilizamos, y encuestas recientes demuestran que la ciudadanía de nuestro país no aprobaría su aplicación aunque sirviera para acelerar la victoria en el Lejano Oriente. En este sentido, es evidente que algún elemento irracional en la psicología de las masas provoca que la muerte por envenenamiento parezca más repugnante que la que se consigue con explosivos, a pesar de que la guerra con gases no sea más "inhumana" que la que se libra con bombas y proyectiles. No obstante, es poco probable que si la opinión pública estadounidense tuviera conocimiento acerca del efecto de las explosiones atómicas, consintiera en que su país introdujera un método tan indiscriminado de destrucción de la población civil.

En este sentido y desde la perspectiva "optimista" que aboga por un acuerdo a fin de evitar una guerra nuclear, las ventajas militares y el ahorro de vidas estadounidenses que reditúe el uso repentino de bombas atómicas contra Japón, pueden resultar contrarrestadas por la consecuente pérdida de confianza y por un clamor de horror y repudio que levante el resto del mundo y acaso divida, asimismo, la opinión de la ciudadanía de nuestro país.

En estas condiciones, lo propio consistiría en efectuar una demostración de la nueva arma ante representantes de las Naciones Unidas, ya sea en el desierto o en una isla deshabitada. Se propiciaría el clima para lograr un acuerdo internacional si los Estados Unidos pudieran manifestarles: *"observen el arma que poseemos pero no utilizamos. Renunciaremos a ella en el futuro si las demás naciones también lo hacen y acuerdan establecer un efectivo control internacional"*.

Más tarde, y si se obtuviera la adhesión de las Naciones Unidas y de la ciudadanía estadounidense, tal vez el arma podría utilizarse contra Japón, previo ultimátum para que se rinda o, por lo menos, para que evacue algunas regiones.

Quizá esto parezca fantástico, pero la magnitud del poder destructivo de las armas nucleares nos proporciona un nuevo elemento: si deseamos aprovechar las ventajas que implica su posesión, debemos utilizar métodos nuevos y más imaginativos.

Si se adopta una posición pesimista y se cree imposible que en la actualidad se logre el control internacional del que hablamos, la conveniencia de emplear bombas atómicas contra Japón se torna más dudosa, al margen de toda consideración de índole humanitaria.

El no llegar a un acuerdo después de la referida demostración implicaría el principio de una ilimitada carrera armamentista. Si ésta es inevitable, múltiples razones nos obligan a demorar su inicio hasta donde sea posible, a fin de colocar nuestra directriz de salida en la posición más avanzada.

Los beneficios para la nación y el futuro ahorro de vidas estadounidenses que se lograran al renunciar a una demostración anticipada de las bombas nucleares y al hecho de permitir que otros países tomen parte en la carrera, sólo a disgusto y sin un conocimiento definido de las cualidades del arma pueden sobrepasar las ventajas que se hubieran obtenido con el uso inmediato de las primeras, y en comparación ineficaces bombas en la lucha contra Japón.

Por otra parte, es posible argumentar que sin una demostración previa puede resultar difícil obtener un apoyo suficiente para lograr un intenso desarrollo de la ciencia nuclear en el futuro, y que de esta manera, el tiempo ganado al postergar una carrera de armamentos no se aprovechara adecuadamente.

También puede afirmarse que los demás países no ignorarán totalmente nuestros avances actuales; por lo mismo, demorar su demostración acaso no contribuya a evitar tal carrera. Por el contrario, dirán algunos, esto podría generar desconfianza y empeorar —en lugar de mejorar— las perspectivas de un acuerdo relacionado con el control internacional de los explosivos nucleares.

En este sentido, deben considerarse los aspectos positivos y negativos de la revelación prematura de nuestra posesión de armas nucleares, no sólo mediante su utilización contra Japón sino a través de una demostración concertada con antelación, en especial si se tiene en cuenta que las posibilidades de lograr un acuerdo en un futuro próximo son bastante remotas. Así, el mando superior militar y político de nuestro país debe aquilatar muy precisamente tales espectos, y la decisión que se tome no ha de fundamentarse sólo en razones de índole militar.

Puede destacarse que es sorprendente que los propios científicos, quienes comenzaron a desarrollar el "arma secreta", manifiesten su desaprobación frente al ensayo contra el enemigo, apenas se cuente con ella.

Ya aludimos a la respuesta a esta crítica: fue el temor a que Alemania alcanzara el grado de tecnología requerido para desa-rrollar el arma y a que el gobierno alemán no titubeara en utili-zarla lo que los impulsó a crearla con tal rapidez.

Otro argumento que podría esgrimirse a favor del empleo de las bombas atómicas, tan pronto como se dispusiera de ellas, es que se ha invertido tanto dinero de los contribuyentes en estos proyectos que se obliga su justificación usándolas. La actitud que manifestara la opinión pública estadounidense, mencionada al aludir al empleo de gases tóxicos contra Japón, permite comprobar que puede esperarse que nuestro pueblo comprenda que en ocasiones conviene conservar un arma en secreto, y que sólo se recurrirá a ella en una emergencia extrema.

Puede asegurarse que apenas se revelen al pueblo estadounidense las posibilidades de las armas nucleares se contará con su aprobación en cuanto a esfuerzos tendientes a impedir su uso.

A partir de la consecución de este objetivo, las amplias instalaciones y el cúmulo de material explosivo que en la actualidad se reservan para su posible uso militar, podrán emplearse para importantes desarrollos pacíficos: generación de energía, grandes realizaciones técnicas y producción a gran escala de materiales radiactivos. Así, el capital invertido en las aplicaciones bélicas de la ciencia nuclear conformaría la base del desarrollo de la economía nacional en un clima de paz.

Método de control internacional

Veamos de qué forma es posible establecer un efectivo control internacional del armamento nuclear, el cual, a pesar de ser un arduo problema, puede resolverse mediante el estudio por parte de estadistas y juristas internacionales. Aquí sólo presentaremos algunas sugerencias que permitan encauzar este tipo de estudios.

La mutua confianza y la buena disposición de los participantes en cuanto a ceder parte de sus derechos soberanos al aceptar un control internacional en determinados aspectos de su economía, posibilitaría que el mismo se ejerciera —alternada o conjuntamente— en dos diferentes niveles.

El primero —y tal vez el menos complicado— consiste en ra-cionar las materias primas, fundamentalmente los minerales de uranio. El proceso de obtención de los explosivos nucleares comienza con el tratamiento de grandes volúmenes de uranio en gigantescas instalaciones dedicadas a separar isótopos o en enormes pilas de producción. Agentes del organismo de control internacional podrían inspeccionar la cantidad de mineral extraído en diversos sitios, sólo una parte del cual se asignaría a cada nación, de manera que le fuera imposible practicar la separación de grandes volúmenes de isótopos fisionables.

No obstante, tal limitación haría impracticable el desarrollo de la energía nuclear para fines pacíficos, aunque no impediría necesariamente la producción de elementos radiactivos a una escala lo bastante amplia como para revolucionar el uso industrial, científico y técnico de dichos elementos. De este modo, no suprimiría los principales beneficios que la ciencia nuclear promete a la humanidad.

La celebración de un acuerdo a nivel superior, que implicara mayor confianza y compresión mutuas, facilitaría una producción ilimitada pero requeriría del completo control de cada libra de uranio extraído.

Aunque la conversión de minerales de uranio y torio en materiales fisionables puros se controlara de este modo, subsiste el problema de prevenir la acumulación de grandes cantidades por parte de una o de varias naciones, si una de ellas consiguiera evadir la vigilancia internacional.

Tales reservas podrían convertirse en cualquier momento en bombas atómicas. En este sentido, se ha planteado que los isótopos fisionables puros podrían desnaturalizarse mediante dilución, después de producidos, con isótopos apropiados. De esta forma, se inutilizarían para fines bélicos y retendrían su eficacia industrial en tanto generadores de energía. Todo acuerdo internacional destinado a prevenir la existencia de armamentos nucleares debe sustentarse en controles reales y eficaces. Los documentos por sí solos resultan insuficientes, ya que ninguna nación, incluyendo la nuestra, puede arriesgar su seguridad al confiar en los buenos propósitos avalados por la firma de las demás.

En este aspecto, todo intento de entorpecer las actividades de los organismos de control debe ser considerado como equivalente a una violación del acuerdo.

Como científicos, sostenemos que cualquier sistema de control debe otorgar tanta libertad para el desarrollo nuclear como sea compatible con la seguridad mundial.

Resumen

A la vez que constituye un aporte primordial a la capacidad tecnológica y militar de los Estados Unidos, el desarrollo de la energía nuclear origina graves conflictos políticos y económicos para el futuro de la nación.

Es obvio que el país mantendrá sólo durante algunos años su exclusiva posesión de las bombas nucleares como "arma secreta". Ciertamente, científicos de otros países conocen los principios en que se fundamenta su construcción y, de no mediar un control internacional efectivo, después de la revelación al mundo de nuestra potencialidad bélica, es indudable que comenzará una carrera por el desarrollo de bombas nucleares.

En el término de diez años otros países contarán con armas de este tipo con un peso menor de una tonelada, cada una de las cuales puede destruir una zona urbana de más de diez millas cuadradas. En caso de guerra —probable resultado de esta carrera armamentista— la compacta aglutinación de población e industria en pocas zonas metropolitanas haría que Estados Unidos se viera en desventaja en relación con naciones cuya población e industria se diseminan en extensos territorios.

Estas consideraciones ponen de manifiesto lo poco propicio que sería —en nuestra opinión— utilizar bombas nucleares en un ataque por sorpresa contra Japón. Si Estados Unidos inaugura el uso de estos medios de destrucción masiva sobre la humanidad perdería el apoyo mundial, precipitaría la carrera armamentista y obstruiría la opción de llegar a un acuerdo internacional acerca del futuro control de dichas armas. Si su existencia se revelara al mundo a partir de una demostración en una zona deshabitada y adecuadamente escogida, se lograrían resultados mucho más sa-ludables en lo que toca al logro del acuerdo.

Aunque las posibilidades de concertar con otras naciones el control efectivo del armamento fueran hoy escasas, su uso en contra de Japón e incluso su revelación prematura pueden tener consecuencias adversas para los intereses de los Estados Unidos. El hecho de demorar tal revelación tiene la ventaja de retrasar todo lo posible el inicio de la carrera tras el referido armamento. Si nuestro gobierno se decidiera por la demostración anticipada se abriría la posibilidad de auscultar la opinión de la ciudadanía de nuestro país y de las demás naciones, antes de decidir si esas armas deben usarse contra Japón. De esta manera, estas últimas asumirían parte de la responsabilidad implícita en tan nefasta decisión.

Referencias y notas

1. Navarrete T., Manuel y Luis Cabrera M., "Biografía de la radiactividad: un tema de nuestro siglo", *Ciencia y Desarrollo* núm. 48, año VIII, CONACYT, México, 1983.

2. Segré, Emilio, *De los rayos X a los quarks*, Ediciones Folios, México, 1983, p. 198.

3. Michelmore, Peter, *Einstein, perfil del hombre*, Nueva Colección Labor, México, 1965, p. 168.

4. Segré, Emilio, *De los rayos X a los quarks*, Ediciones Folios, México, 1983, p. 209.

5. Segré, Emilio, *Fermi*, CONACYT, México, 1982, p. 123.

6. Segré, Emilio, *Fermi*, CONACYT, México, 1982, p. 124.

7. Snow, C. P., *Nueve hombres en el siglo XX*, Alianza Editorial, México, 1969, p. 20.

8. Segré, Emilio, *Fermi*, CONACYT0, México, 1982, p. 145.

9. Segré, Emilio, *Fermi*, CONACYT, México, 1982, p. 149.

10. Colloti, Enzo, *La Alemania nazi*, Alianza Editorial, México, 1972, p. 160.

11. Frisch, Otto R., *De la fisión del átomo a la bomba de hidrógeno*, Alianza Editorial, México, 1982, p. 140.

12. Frisch, Otto R., *De la fisión del átomo a la bomba de hidrógeno*, Alianza Editorial, México, 1982, p. 142.

13. Segré, *Emilio,De los rayos X a los quarks*, Folios Ediciones, México, 1983, p. 218.

14. Jungk, Robert, *Más brillante que mil soles*, Argos Vergara, España, 1986, p. 81.

15. Segré, Emilio, *Fermi*, CONACYT, México, 1982, pp. 165-166.

16. Hoffmann, Banesh, *Einstein*, Salvat, Grandes Biografías, España, 1984, p. 178.

17. Jungk, Robert, *Más brillante que mil soles*, Argos Vergara, España, 1976, p. 86.

18. Compton, A. H., *En pos del átomo*, El Ateneo, Argentina, 1958, p. 29.

19. Compton, A. H., *En pos del átomo*, El Ateneo, Argentina, 1958, p.29.

20. Compton, A. H., *En pos del átomo*, El Ateneo, Argentina 1958, p. 34.

21. Compton, A. H., *En pos del átomo*, El Ateneo, Argentina, 1958, p. 34.

22. Segré, Emilio, *Fermi*, CONACYT, México, 1982, p. 175.

23. Seaborg, Glenn T., *Elementos transuránidos artificiales*, Manuales Uteha, núm. 320, México, 1966, p. 17.

24. Compton, A. H. *En pos del átomo*, El Ateneo, Argentina, 1958, p. 49.

25. Compton, A. H., *En pos del átomo*, El Ateneo, Argentina 1958, p. 58

26. Compton, A. H., *En pos del átomo*, El Ateneo, Argentina 1958, p. 61.

27. Compton, A. H., *En pos del átomo*, El Ateneo, Argentina 1958, p. 103.

28. Compton, A. H., *En pos del átomo*, El Ateneo, Argentina, 1958, p. 89.

29. Compton, A. H., *En pos del átomo*, El Ateneo, Argentina, 1958, p.95.

30. Compton, A. H., *En pos del átomo*, El Ateneo, Argentina 1958, p. 141.

31. Compton, A. H., *En pos del átomo*, El Ateneo, Argentina, 1958, p. 126.

32. Amrine, Michael, *La gran decisión*, Ediciones Aura, México 1959, p. 85

33. Jungk, Robert, *Más brillante que mil soles*, Argos Vergara, España, 1976, p. 97.

34. Jungk, Robert, *Más brillante que mil soles*, Argos Vergara, España, 1976, p. 114.

35. Frisch, Otto R., *De la fisión del átomo a la bomba de hidrógeno*, Alianza Editorial, México, 1982, p. 201.

36. Jungk, Robert, *Más brillante que mil soles*, Argos Vergara, España, 1976, p. 115.

37. Compton, A. H., *En pos del átomo*, El Ateneo, Argentina, 1958, p.183.

38. Colotti, Enzo, *La Alemania nazi*, Alianza Editorial, México, 1972. p.315.

39. Jungk, Robert, *Más brillante que mil soles*, Argos Vergara, España, 1976, pp. 152-153.

40. Jungk, Robert, *Más brillante que mil soles*, Argos Vergara, España, 1976, p. 167.

41. Franck, James y otros, "Un Informe para el Secretario de Guerra", en *La era atómica*, Aymá Editora, España, 1966, pp. 25-26.

42. Segré, Emilio, *Fermi*, CONACYT, México, 1982, p. 222.

43. Mayor información sobre el tema puede encontrarse en Amrine, Michael, *La gran decisión*, Ediciones Aura, México, 1959, y en Giovannitti y Freed, *La decisión de lanzar la bomba*, Editorial Diana, México, 1968.

44. Compton, A. H., *En pos del átomo*, El Ateneo, Argentina, 1958, p. 222.

45. Compton, A. H., *En pos del átomo*, El Ateneo, Argentina, 1958, p. 229.

46. Giovannitti y Freed, *La decisión de lanzar la bomba*, Editorial Diana, México, 1968, p. 205.

47. Giovannitti y Freed, *La decisión de lanzar la bomba*, Editorial Diana, México, 1968, p. 205.

48. Thomas, Gordon y Max Morgan Witts, *Enola Gay*, Plaza Janés, España, 1977, pp. 341, 346, 349 y 354.

49. Al respecto, leer la información sobre el comunicado del Cuartel General a los periodistas en: Chinnock, Frank, *Nagasaki, la bomba olvidada, Bruguera, España, 1970, p. 83.*